INTRODUCTION TO COMMUNICATION NETWORK

通信ネットワーク概論

左貝潤一／著

森北出版株式会社

●本書のサポート情報を当社Webサイトに掲載する場合があります．
下記のURLにアクセスし，サポートの案内をご覧ください．

https://www.morikita.co.jp/support/

●本書の内容に関するご質問は，森北出版 出版部「(書名を明記)」係宛
に書面にて，もしくは下記のe-mailアドレスまでお願いします．なお，
電話でのご質問には応じかねますので，あらかじめご了承ください．

editor@morikita.co.jp

●本書により得られた情報の使用から生じるいかなる損害についても，
当社および本書の著者は責任を負わないものとします．

■本書に記載している製品名，商標および登録商標は，各権利者に帰属
します．

■本書を無断で複写複製（電子化を含む）することは，著作権法上での
例外を除き，禁じられています．複写される場合は，そのつど事前に
(一社)出版者著作権管理機構（電話03-5244-5088，FAX03-5244-5089，
e-mail:info@jcopy.or.jp）の許諾を得てください．また本書を代行業者
等の第三者に依頼してスキャンやデジタル化することは，たとえ個人や
家庭内での利用であっても一切認められておりません．

まえがき

　通信はモールス，ベル，マルコーニらの先人たちの功績により，19 世紀以来，人類のコミュニケーションに技術的な面から貢献している．とりわけ，電話は長い間，コミュニケーションツールとして，人々の生活の中まで溶け込んだ存在である．電気電子技術や光技術の進展により，電話を支える技術自体が変化するとともに，新しい通信手段としてインターネットが急速な発展を遂げ，社会構造自体も変化させている．

　20 世紀後半になると，アナログ通信がすたれ，TV の地デジ化にも象徴されるように，雑音に強いディジタル通信が主流となっている．伝送路の面では有線と無線がある．有線として従来は銅線が用いられ，基幹回線に同軸ケーブルが用いられていたが，これは帯域が狭い，中継間隔が短いなどの欠点があった．

　これに対して，1970 年代後半に商用化された光ファイバ通信は，広帯域・高品質，長中継間隔の特徴をもつ．光ファイバの広帯域特性は，情報の流れを車にみたてて表現すると，桁違いに幅の広い高速道路とみなすことができる．そのため，光ファイバが広く敷設されるにつれて，通信単価が飛躍的に下がり，まずは長距離電話料金が下がった．光ファイバは銅線よりも高品質で誤りが少ないため，誤り訂正回数の削減によるシステムの簡素化を通じて，経済面にも貢献している．

　1990 年代後半になると，インターネットの利便性が支持され，急激に普及し出した．通信トラフィックの比重が，情報量の少ない音声通信から，データ通信あるいは情報量の多い画像を扱えるインターネットに移行した．インターネットの普及を支えたのも，情報転送の低廉化であり，ここでも光ファイバ通信は低コストで利用できる通信インフラを支えている．

　無線は伝送路を引く必要がないという特徴のため，現在も使用されており，携帯電話や無線 LAN，衛星通信など，有線では扱えない通信領域をカバーしている．

　一般に見過ごされているのが，光ファイバ通信とインターネットとのかかわりである．光ファイバ通信は広帯域であるがゆえに，画像などのコンテンツ容量を多く必要とする情報が使用されなければ，供給過多となり過剰投資になってしまう．実際，光ファイバ通信網が整備された当初はこのような状態であり，非難の声が出たほどだった．

　しかし，インターネットが 1990 年代から普及し始めると，状況は一変した．光ファイバ通信が大容量データの低コスト供給を可能にし，インターネットは通信需要を押

し上げる方向にはたらき，トラフィックの急激な増加をもたらした．通信需要が音声による実時間サービスから，電子メールなどの蓄積型サービスへ転換した．光ファイバ通信網もインターネットもこのような変容に対応するように，通信形態や国際規格が見直された．また，各種データが TCP/IP に基づいて，IP パケットの形で転送されるようになってきている．

　光ファイバ通信はインターネットとの融合により，相互に影響を及ぼし合いながら発展してきた．通信ケーブルが銅線のままであれば，今日の高度化した通信環境はあり得ない．このように，光ファイバ通信やインターネットが普及し，21 世紀になってから通信ネットワークを取り巻く環境が大きく変貌している．

　上記の通信事情の変化に伴い，通信の教科書自体も時代に即応した内容が求められる．従来の通信ネットワークの本と本書との違いおよび特徴は以下のとおりである．

(i) 通信ネットワークの重要事項を広く浅く記述しており，コンパクトな分量でバランスよく学習できる．

(ii) 通常，通信ネットワークとインターネットは別々の教科書で記述されることが多いが，両者には深い関係があるので，相互関係がわかるように記述している．

(iii) 通信ネットワークでは，新しい技術は過去の技術を改良するだけでなく，過去の技術が継承される．また，需要の変化により，従来の主要技術の重要性が薄れている場合もある．このような技術の変遷や経緯がわかるように相互関連を明確にし，できるかぎり歴史的あるいは技術的背景を記述し，時期も明示するように努めた．

(iv) 光ファイバ通信が通信ネットワークに及ぼした影響は大きい．それの表面上への影響だけでなく，表面上以外の部分にも言及する．

(v) 現代の通信ネットワークでは，各種情報が IP パケットの形で IP ネットワークを通じて転送されるようになってきている様子を紹介する．

(vi) 読みやすいように図表を多用し，重要な結果・結論や特徴を箇条書きにする．

　本書では，変復調，多重化や交換など，通信ネットワークの基礎的内容を説明した後，光ファイバ通信と光ネットワークの基本技術を説明する．その後，インターネットとローカルエリアネットワーク（LAN）を述べ，高度化されたインターネットの関連技術に触れる．最後に，無線通信や携帯電話など他の通信技術を説明する．

　本書を出版するにあたり，終始お世話になった森北出版（株）の関係各位に厚くお礼を申し上げる．

　2018 年 6 月

左貝　潤一

目　次

1章　通信ネットワークの概要　　1

1.1　通信技術の変遷 …………………………………………………………… 1

1.2　通信の仕組み ……………………………………………………………… 4

　　1.2.1　通信の基本構成と送受信方法 ……………………………………… 4

　　1.2.2　伝送路 …………………………………………………………………… 5

1.3　通信ネットワーク ………………………………………………………… 7

　　1.3.1　通信ネットワークの基本構成と必要な機能 ………………………… 7

　　1.3.2　通信ネットワークの各種構成法 ……………………………………… 8

　　1.3.3　通信ネットワークの階層構造 ………………………………………… 9

1.4　プロトコルと OSI 参照モデル …………………………………………… 11

　　1.4.1　プロトコル（通信規約） ……………………………………………… 11

　　1.4.2　OSI 参照モデル ………………………………………………………… 11

　　1.4.3　階層間でのデータの受け渡し ……………………………………… 13

1.5　コネクション型通信とコネクションレス型通信 ……………………… 14

1.6　通信の評価項目と国際間標準化 ………………………………………… 15

演習問題 ………………………………………………………………………… 17

2章　変復調　　18

2.1　変調の意義 ………………………………………………………………… 18

2.2　変調方式の分類 …………………………………………………………… 19

2.3　アナログ変調 ……………………………………………………………… 21

2.4　情報のディジタル化 ……………………………………………………… 22

　　2.4.1　パルス符号変調（PCM） ……………………………………………… 23

　　2.4.2　ディジタル化の特徴と利点 ………………………………………… 24

　　2.4.3　音声と画像の情報量 ………………………………………………… 25

2.5　再生・線形中継と伝送路符号 …………………………………………… 27

　　2.5.1　再生中継と線形中継 ………………………………………………… 27

　　2.5.2　伝送路符号形式 ……………………………………………………… 29

iv　　目　次

2.6	ディジタル変調方式 ……………………………………	30
演習問題	………………………………………………………	33

3章　多重化技術 　　　　　　　　　　　　　　　　　34

3.1	多重化の意義と基本概念 ……………………………	34
3.2	多重化方式の分類 ………………………………	35
3.3	周波数分割多重方式 ……………………………	36
3.3.1	周波数分割多重 ………………………………	36
3.3.2	波長分割多重 …………………………………	37
3.3.3	サブキャリア多重 ……………………………	37
3.3.4	直交周波数分割多重 …………………………	38
3.4	位置多重化方式 ………………………………	38
3.4.1	同期多重 ………………………………………	38
3.4.2	非同期多重（スタッフ多重） ………………	40
3.5	ラベル多重化方式 ………………………………	41
3.5.1	パケット多重 …………………………………	41
3.5.2	セル多重 ………………………………………	43
3.6	非同期ディジタルハイアラーキ（PDH） ……………	45
演習問題	………………………………………………………	47

4章　交換技術 　　　　　　　　　　　　　　　　　　48

4.1	交換の概要 ……………………………………	48
4.1.1	交換の意義 ……………………………………	48
4.1.2	パスとパスの切り替え ………………………	50
4.2	交換方式の分類 ………………………………	51
4.3	回線交換 ………………………………………	52
4.4	パケット交換 …………………………………	53
4.4.1	パケット交換の基本構成 ……………………	53
4.4.2	パケットの転送方式 …………………………	54
4.5	フレームリレー ………………………………	57
4.6	ATM交換（セルリレー） ……………………	58
演習問題	………………………………………………………	60

目 次　v

5章　光ファイバ通信　　61

5.1　光ファイバ通信の概要　………………………………………………　61
5.2　光ファイバ通信の基本構成　…………………………………………　62
5.3　光ファイバ　……………………………………………………………　64
5.3.1　光ファイバの種類と導波特性　……………………………………　64
5.3.2　光ファイバの損失特性　……………………………………………　65
5.3.3　光ファイバの分散特性　……………………………………………　67
5.4　光ファイバ通信における要素技術（光ファイバ以外）　…………　69
5.4.1　光　源　………………………………………………………………　69
5.4.2　光増幅器　……………………………………………………………　70
5.4.3　光検出器（受光素子）　……………………………………………　71
5.5　光ファイバ通信のネットワークにおける特徴　……………………　72
演習問題　……………………………………………………………………　74

6章　光ネットワーク技術　　76

6.1　光ネットワーク導入の経緯　…………………………………………　76
6.2　同期ディジタルハイアラーキ（SDH）　……………………………　77
6.2.1　SDH のシステム構成　………………………………………………　77
6.2.2　SDH のフレーム構成と多重化　……………………………………　77
6.3　波長分割多重通信（WDM）　…………………………………………　80
6.3.1　WDM の基本構成　……………………………………………………　81
6.3.2　WDM での要素技術　…………………………………………………　82
6.3.3　WDM の光ネットワークへの適用　…………………………………　83
6.4　光伝達網（OTN）　……………………………………………………　85
6.5　光アクセス系　…………………………………………………………　88
演習問題　……………………………………………………………………　90

7章　インターネット　　91

7.1　インターネットの概要　………………………………………………　91
7.2　インターネットにおけるプロトコル　………………………………　93
7.2.1　プロトコルの階層構造　……………………………………………　93
7.2.2　TCP/IP における TCP の機能　……………………………………　94
7.2.3　TCP/IP における IP の機能　………………………………………　94

vi　目　次

　　　7.2.4　TCP/IP における UDP の機能　……………………………　95
　　　7.2.5　アプリケーションプロトコルに対するポート番号　………………　95
　7.3　インターネットにおける情報転送　………………………………　96
　7.4　IP アドレス　………………………………………………………　99
　　　7.4.1　IP アドレスの表記　………………………………………　99
　　　7.4.2　ネットワークのサブネット化　………………………………　101
　7.5　ルーティング　………………………………………………………　103
　7.6　データ転送機器　……………………………………………………　104
　演習問題　………………………………………………………………　106

8章　ローカルエリアネットワーク（LAN）　　107

　8.1　LAN の概要　………………………………………………………　107
　8.2　各種 LAN 向け規格の位置づけ　………………………………　108
　8.3　イーサネットとその通信規格　……………………………………　109
　8.4　イーサネットでのデータ転送　……………………………………　111
　　　8.4.1　イーサネットのフレーム構造　………………………………　111
　　　8.4.2　MAC アドレス　…………………………………………………　112
　8.5　イーサネットの構成　………………………………………………　113
　　　8.5.1　CSMA/CD 方式のイーサネット　………………………………　113
　　　8.5.2　スイッチングハブを用いたイーサネット　………………………　114
　8.6　その他の有線 LAN 方式　…………………………………………　115
　　　8.6.1　トークンリング　…………………………………………………　115
　　　8.6.2　FDDI　…………………………………………………………　116
　8.7　無線 LAN　…………………………………………………………　117
　8.8　LAN の拡張　………………………………………………………　119
　演習問題　………………………………………………………………　120

9章　高度化インターネット関連技術　　121

　9.1　近年の IP パケット転送網　………………………………………　121
　　　9.1.1　光ネットワーク上の IP パケット転送網　………………………　121
　　　9.1.2　MPLS　…………………………………………………………　123
　9.2　IP 電話　……………………………………………………………　124
　9.3　広域ネットワーク（WAN）サービス　……………………………　126
　　　9.3.1　IP-VPN　………………………………………………………　127

目　次　*vii*

9.3.2　広域イーサネット ……………………………………………… 128

9.4　ネットワークセキュリティ ……………………………………… 130

9.4.1　暗号と認証技術 ………………………………………………… 130

9.4.2　IP 網における暗号化・認証技術 …………………………… 131

9.5　新しい通信ネットワーク ………………………………………… 132

演習問題 ………………………………………………………………… 134

10章　無線通信システム　135

10.1　電波の基本特性 …………………………………………………… 135

10.1.1　使用周波数帯 ………………………………………………… 135

10.1.2　電波の伝搬特性 ……………………………………………… 136

10.1.3　無線通信特有の問題と対策 ………………………………… 138

10.2　地上固定無線通信 ………………………………………………… 139

10.3　多元接続方式 ……………………………………………………… 140

10.4　移動体通信 ………………………………………………………… 142

10.4.1　移動体通信の基本構成 ……………………………………… 142

10.4.2　セルラー方式 ………………………………………………… 143

10.4.3　携帯電話と移動通信システムの世代 ……………………… 144

10.5　衛星通信 …………………………………………………………… 145

演習問題 ………………………………………………………………… 147

総合学習問題 …………………………………………………………… 148

演習問題解答 …………………………………………………………… 149

参考書および参考文献 ………………………………………………… 153

索　引 …………………………………………………………………… 155

1章 通信ネットワークの概要

通信（communication）の目的は，送信者の情報を遠隔地にいる受信者に誤りなく送り届けることである．本章では，通信を巡るこれまでの歩みと，通信ネットワークのハードウェアとソフトウェア両面での基礎事項を説明し，次章以降で説明する各論の準備をする．

1.1 節では，通信を行う技術的裏づけに関して，通信技術の今日までの歩みを振り返る．1.2 節では，通信の基本構成と伝送路などを説明する．1.3 節では，通信ネットワークで使用される基本構成を分類し，階層構造との関連を説明する．1.4 節では，通信を行ううえでの規約であるプロトコルの階層化モデルとして，OSI 参照モデルを説明する．1.5 節では，通信の信頼性に関係するコネクション型通信とコネクションレス型通信を説明する．最後の 1.6 節では，通信において何が重要かを知るための評価項目と国際標準化を説明する．

1.1 通信技術の変遷

最初の遠隔地間の通信は，モールス（S. F. B. Morse，米国）によって 1835 年に発明された電信機を用いた，1844 年の電信伝送である．モールス信号や電報を送る電信では，送受信者間であらかじめ取り決めた符号化した信号（点と長点の組み合わせ）で文字情報を送受していた．符号化により，遠距離通信が効率よく行えるようになった．1876 年には，ベル（A. G. Bell，米国）により電話が発明された．これにより即時の音声通信が可能となり，公衆用の通信手段として普及した．日本での公衆用電話事業は，1889 年の東京と熱海間での公開実験を経て，1890 年に東京と横浜間で開始された．以降，固定電話は長い間，通信ネットワークでの主役を務めてきた（表 1.1）．上記電信と固定電話はいずれも有線通信であった．

無線通信は，1896 年のマルコーニ（G. M. Marconi，イタリア）による電波を用いた遠隔通信の成功で基礎が築かれ，その後イギリスでの海峡横断や大西洋横断の通信実験で，その実用性が実証された．無線はアンテナを備えた端局の設置だけで通信できる利点が大きく，移動体用には不可欠である．無線は，船舶・航空機通信，地上用では列車電話，離島通信，携帯電話，無線 LAN，特殊用途として衛星通信で使用されている．とりわけ携帯電話の普及は目覚ましく，現代の日常生活に深く浸透している．

通信には，雑音に強いディジタル信号の方が向いていることが早くから指摘されて

表 1.1 通信ネットワーク関連のおもな出来事

西暦	出来事	西暦	出来事
		1937	パルス符号変調の提案
1844	電信機による電信伝送（モールス）		
		1948	シャノンの情報理論 トランジスタの発明
1868	［明治維新］	1969	インターネットの起源（米国）
		1970	低損失光ファイバの開発
1876	電話の発明（ベル）	1973	LAN の誕生（米国）
		1978	日本での光ファイバ通信事業の開始
		1980	日本でのパケット多重化の導入
1890	日本での電話事業の開始	1981	日本でのディジタル同期網の導入
1896	無線による遠隔通信（マルコーニ）	1988	同期ディジタルハイアラーキ（SDH）の制定
		1993	日本での商用インターネットの開始
		2001	光伝達網（OTN）の初版制定
		2009	OTN 拡張版の制定
		2015	第 5 世代移動通信システム規格発行

いたが，経済性の面から長らくアナログ信号が使用されていた．しかし，1948 年のトランジスタの発明に端を発して半導体産業が技術進展し，LSI・VLSI 技術により，通信機器の高周波化や小型・軽量化，低価格化が実現されて，2 値のディジタル信号が経済性よく扱えるようになった．

　世の中のニーズの変化に伴い，音声通信以外に，文字や図形がファクシミリで送信されるようになり，また，企業の膨大な情報が専用線を用いてデータの形で送受されるようになった．これらの情報は，当初は個別の通信網を使って行われていた．しかし，現在では，音声，データ，文字，図形，静止画，動画などの異種情報を効率よく扱うことができる，ディジタル信号を利用した統合網でディジタル通信が行われている（図 1.1）．

　現在の日常生活における情報ツールとして深くかかわっているインターネットの原型は，1969 年に米国で誕生した ARPANET である．これはパケットを用いた異機種コンピュータ間を，高信頼で相互接続するための実験用ネットワークである．その

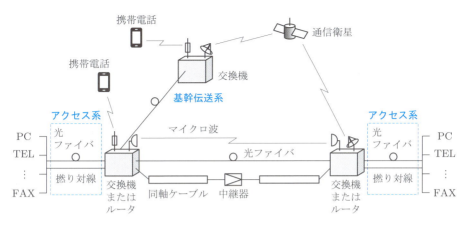

図 1.1 通信ネットワークの構成概略

後，コンピュータや LAN を専用線で接続した広域ネットワークとして発展した．インターネットは 1989 年に米国で商用化され，その利便性が広く認識されるようになると，世界規模で利用者数が飛躍的に増大した．これにより通信の用途も広がり，電子メールやホームページなどを媒介として，静止画や動画も IP パケットの形で転送されるようになった．インターネットは，パソコンや携帯端末を用いた世界規模の情報通信ネットワークの一翼を担うようになり，ますます発展・進化を遂げている．

通信には糸電話の糸に相当する伝送路，つまり通信媒体が必要である．当初はおもに銅線が使用されていたが，1970 年代になると，一度に大量の情報を低価格で送ることができる光ファイバ通信が登場し，伝送路が銅線から光ファイバに置き換わるようになった．光ファイバ通信は，その低価格と高品質特性により，インターネットの普及にも寄与している．

現在の通信技術の状況

(i) ディジタル信号がおもに利用されている．ディジタル通信では各種情報がすべて「0」と「1」の 2 値符号に分解されて処理されるので，各種通信網の統合化が容易となる．
(ii) 通信サービスが，音声通信からインターネットによる各種情報の送受に移行しており，様々な情報が IP パケットの形で転送されるようになっている．
(iii) 主要な通信媒体が，従来の銅線から光ファイバと無線に移行している．
(iv) 高帯域な光ファイバを用いた光ネットワークが通信インフラを支え，その上に築かれた IP 網を中心として各種通信網が統合されるようになっている．

1.2 通信の仕組み

1.2.1 通信の基本構成と送受信方法

家庭やオフィスにある，固定電話，携帯電話，スマートフォン，パソコン（PC: personal computer）など，情報を送信または受信する通信機器を**端末**（terminal）とよぶ．これがインターネットに接続されている場合には，**ホスト**（host）とよばれることが多い．送信者の情報は，まず端末から発せられる．

各種情報を送受するための通信システムの基本構成を図 1.2 に示す．送信者からのアナログ・ディジタル情報（送信信号）を，伝送路に適した信号に変換することを**変調**，受信側でそれをもとの情報に復元する操作を**復調**という．送信情報は，通常，契約している通信事業者で処理される．通信事業者では，信号の「道」に相当する伝送路を通して，情報を受信者に誤りなく伝える（伝送: transmission）作業を行う．

情報の送受信方式は，信号の流れの向きにより三つに分類できる（図 1.3）．図 (a) は片方向にのみ信号を送る方式であり，**単方向通信**（simplex communication）とよばれる．一般に，公衆通信は互いに情報のやりとりを行う**双方向通信**（duplex communication）なので，単方向通信は CATV などでの情報配信に使用される．図 (b) は，同時には両方向で通信を行うことができず，信号の向きを切り替えながら通信す

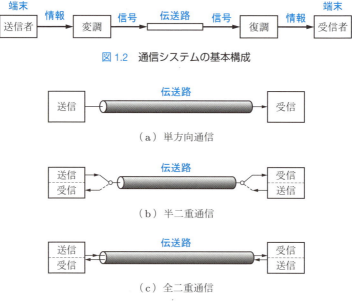

図 1.2　通信システムの基本構成

図 1.3　情報の送受信方式の分類
矢印は信号の流れの向きを表す．(c) では伝送路内部に通信路が複数ある．

るもので，**半二重通信**（half duplex communication）とよばれる．これはトランシーバでよく使用されている．図 (c) は，つねに両方向で通信を（送信と受信を同時に）行うことができるもので，**全二重通信**（full duplex communication）とよばれる．図での伝送路は，必ずしも物理的実体として 2 本あるわけではなく，通信路（伝送路を論理的に分割した通信可能な路）が二つあることを表している．全二重通信は，電話を始めとして多くの通信で利用されている．

1.2.2 伝送路

信号を遠隔地へ送るための「道」に相当するのが**伝送路**（transmission line）である．伝送路として，実体のある線を利用する場合を**有線**，空間をそのまま伝搬媒体として用いる場合を**無線**という（表 1.2）．有線の伝送路は通信ケーブルともよばれる．これには，従来から電気伝導度の高い銅線を用いた撚り対線や同軸ケーブルが用いられていた．1970 年に石英を材料とする低損失・高帯域の光ファイバが開発されてからは，基幹回線には同軸ケーブルに代わって光ファイバが導入されるようになった．無線は，後述するように，有線にはない特徴をもつので，現在も広く使用されている．

表 1.2　各種伝送路の特徴

撚り対線	同軸ケーブル	光ファイバ	無　線
・構造が簡単 ・安価 ・短距離で使用	・高周波で雑音に強い（∵外部導体で遮蔽） ・高周波（30 kHz 以上）での抵抗や損失が $\sqrt{f}$ 特性 ・中継間隔は約 1.6 km（60 Mbps や 400 Mbps 方式）	・低損失・広帯域（Gbps オーダの伝送速度） ・細径・軽量 ・可とう性良好 ・無誘導・無漏話 ・主原料が珪素なので資源の枯渇なし ・中継間隔が 50〜数 100 km	・端局の設置だけで通信ができ，移動が容易 ・混信防止のため使用周波数に制限（国が管理） ・気象条件（雨や霧など）や建物の影響を受けやすい ・比較的安価 ・中継間隔は 50 km 程度

（1）撚り対線

撚り対線（twisted pair）は，導線の周りをポリエチレンなどで被覆した 2 本を撚り合わせた線であり（図 1.4 (a)），ツイストペアケーブルや**平衡対ケーブル**ともよばれる．これは外部雑音の影響を受けやすいので，撚ることにより半周期ごとに外部電磁界の影響を逆向きにして打ち消し，電磁的干渉を少なくしている．撚り対線を銅の編組などで遮蔽した **STP ケーブル**（shielded twisted pair cable）が用いられることもあるが，施工なども含めて高価となる．遮蔽を付けない **UTP ケーブル**（unshielded twisted pair cable）は構造が簡単で安価であり，これで要求が満たされる場合が多い．

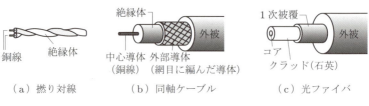

図 1.4　各種伝送路の概略

これは伝送距離 100 m 以下で使用でき，LAN での通信媒体として用いられている．通常は，全二重通信に対応できるよう，4 芯 2 対または 8 芯 4 対になっている．

(2) 同軸ケーブル

同軸ケーブル（coaxial cable）は，中心導体の周りをポリエチレンなどの絶縁体で囲み，さらにその外側に編組導体または薄い銅パイプを配置した同心円状の構造をしている（図 1.4 (b) 参照）．編組導体でシールドされているため，外部雑音の影響を受けにくい．アナログ通信の時代には，標準同軸ケーブルを用いて C-60M 方式（電話換算 10800 チャネル）が通信事業者の基幹回線として使用されていた．しかし，中継間隔は 1.5〜2 km 程度と短いため，光ファイバ誕生後は，基幹回線の地位を光ファイバに譲っている．現在は同軸ケーブルの用途が狭くなり，無線通信機器用のケーブルや CATV などで使用されるだけである．

撚り対線や同軸ケーブルの金属媒体は，表皮効果により，周波数が高くなると伝送損失が急激に増加する．そのため，高帯域で低損失を実現することが難しい．

(3) 光ファイバ

光ファイバは光透過性材料を同心の円筒状にして，その内部に光信号を通すもので，長距離用には石英が用いられている（図 1.4 (c) 参照，詳しくは 5.3 節参照）．光ファイバは広帯域・低損失で経済性に優れ，中継間隔が 50 km 以上にできるため，最初は基幹回線への導入だけであったが，現在ではアクセス系（ユーザ端末に近い回線）にも使用されている．メタルケーブルよりも細径，軽量で，電磁的干渉が生じないという特徴をもつ．敷設する際には，保護層を付けた光ファイバケーブルとして使用する．

(4) 無　線

無線（wireless）では，伝送路が空間そのものであるため，端局（アンテナ）を設置するだけで通信が可能となる．これにより，離島や険しい山，衛星との通信など，通信ケーブルの敷設が難しい場合に用いられる．また，移動体との通信が可能という特徴は携帯電話にも活かされている．一方，無線は気象条件（霧や雨など）や建物の影

響を受けやすく（10.1.3 項参照），通信途絶の恐れがある．混信防止のため，電波の使用周波数帯は国によって管理されており，使用周波数が制限される．搬送波としておもにマイクロ波帯が用いられている（10.1.1 項参照）．

1.3 通信ネットワーク

1.3.1 通信ネットワークの基本構成と必要な機能

　図 1.2 に示したのは端末と端末を結ぶ 2 点間の通信であり，地対地（point to point）の通信とよばれる．実際には多くの端末があり，それらの通信速度が異なる場合には，図 1.2 の構成では情報を各端末に効率よく送ることができない．そのため，通信媒体をネットワーク（網）状に構成する必要がある．多くの人々の情報を相互に結び付け，電磁気的手段を用いて伝達するための仕組みを**通信ネットワーク**という．

　通信ネットワークの基本構成を図 1.5 に示す．端末から出た情報を受信者に誤りなく送るため，いったん信号の経路選択や信号の分岐・挿入などの機能をもつ装置を経由する．これを**ノード**（node）とよび，固定電話網での電話交換機や，インターネットでのルータ，ゲートウェイ（7.6 節参照）が該当する．ノード間を結んで情報を伝達する機能をもつものを**リンク**（link）とよび，これには既述の有線や無線の伝送路が該当する．なお，通信回線であるリンク上を一定時間内に転送されるデータ量を**トラフィック**とよぶ．

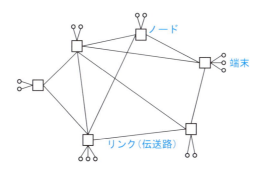

図 1.5　通信ネットワークの構成と各要素

　広い地域で多くの情報を送受する場合，送信端末から発生する情報の中には，たとえば，東京から大阪へなど，同一方面へ送信するものが多く出てくる．このとき，個別の情報ごとに送信していては効率が悪いので，同一方面へ送る信号は束ねられる．同一方面の信号を束ねることを**多重化**という．束ねられた信号を受信側で分離して，受信端末へ送る状態にすることを**逆多重化**という．分離された個別の信号は，通信事

業者から受信者に届けられる．多重化の詳しい説明は 3 章で行う．

多数ある全端末からつねに情報が発生するわけではなく，現実には一定の割合で情報が発生する．そのため，複数の端末で伝送路を共有し，ノードにおいて情報（信号）を宛先別に振り分けるようにしても，通常は支障がない．この情報の振り分け操作を**交換**といい，これを行う通信機器を交換機という．交換の詳しい説明は 4 章で行う．

通信は眼には見えないが，情報の伝達を物流たとえば宅配便に置き換えてみると，多重化や交換の過程は理解しやすい（3.1 節参照）．

1.3.2　通信ネットワークの各種構成法

通信ネットワークでは多数のノードとリンクが相互に接続して構成されており，この接続構造を**ネットワークトポロジー**（network topology）という．通信を効率よく行うため，目的や規模，価格，信頼性などを勘案して，様々なネットワークトポロジー（構成法）が利用されている（図 1.6）．代表的な構成は，バス型，リング型，スター型，ツリー型，メッシュ型などであり，これらの混合型も使用される．

- **バス型**：1 本の幹線ケーブルに各種通信端末が接続されたものであり，ケーブルの両端には終端装置が取り付けられている．ある端末を取り付けたり取り外したりしても，ほかの端末への影響がほとんどないのが特徴である．バスを共用するので，総回線長が短くて済む利点があるが，切断されると通信ができなくなる．

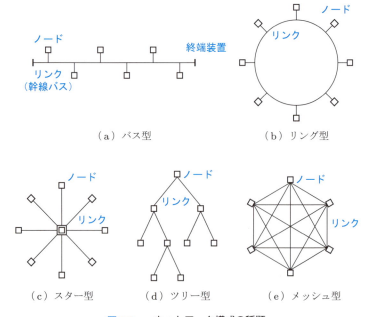

図 1.6　ネットワーク構成の種類

幹線バスには同軸ケーブルや光ファイバが用いられる．これはオフィスなどの中小規模の LAN で使用される．

●**リング型**：環状にしたリンクに各種通信端末が接続されたものであり，各端末が回線を共有している．そのため，回線長が短くて済み，制御や拡張が容易であるが，大規模になると遅延時間が増大する．1箇所の故障や切断で通信が途絶えるので，信頼性を高めるため，互いに逆向きの伝送路で二重化する必要がある．運用中の端末の着脱ができないのが欠点である．オフィスなどの閉じた領域のLAN などで，トークン形式（8.6 節参照）を用いて使われることが多い．

●**スター型**：ネットワークの中心ノードから複数の周辺端末に向けて，信号を放射状に送るものである．情報の制御を中心ノードが一括して行うので，ネットワークの設計が比較的簡単であり，処理効率が高い．また，接続ポートさえ空いていれば，端末の接続や取り外しが容易にできる．欠点は，中心ノードの障害が全体に波及することである．イーサネットや光アクセス系などで用いられる．

●**ツリー型**：交換機などのノードが階層化されたネットワークであり，このような階層構造を階梯（hierarchy）とよぶ．下位ノードは上位ノードの制御の下ではたらき，各情報は必ず上位ノードを経由する．端末数を固定した場合，総回線長がメッシュ型に比べて短くできる利点がある．交換コストが伝送路コストよりも低いときに有用であり，従来の固定電話網で使用されていた．

●**メッシュ型**：伝送路が網目状に張り巡らされているもので，信号をネットワーク状に多方面に送ることができる．ただし，必ずしも全端末を接続する必要はない．各端末が複数の端末と接続されているため，一部で障害が生じても，迂回ルートにより通信が行えるという利点があり，信頼性が非常に高い．しかし，端末数が多くなるにつれて必要となる回線長が飛躍的に増加し，回線の使用効率が低くなって経済性が低下する．伝送路コストが交換コストよりも低いときに有用である．

1.3.3　通信ネットワークの階層構造

通信ネットワーク構成法には前項で説明したように多種類あるが，どの構成が実際に使用されるかは，経済性や信頼性で判断される．オフィス内などの比較的小規模な場合には，構造が簡単で安価なバス型やリング型が使用される．

国内全体や世界などの大規模な場合は，経済性を向上させるために，メッシュ型基幹ネットワークの下に，構成が異なるより小規模なネットワークが接続される．

かつて日本電信電話公社（現 NTT）が担っていた，伝送路に同軸ケーブルを用いるアナログ電話網では，伝送路コストが交換機コストよりも相対的に高かった．そのた

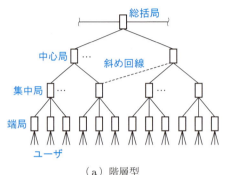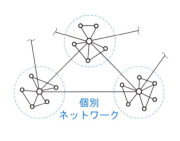

図 1.7　代表的通信ネットワークの概略

め，伝送路の使用効率を上げるため，図 1.7 (a) に示すように，交換システムでは，ツリー型を基本とした 4 階梯の**階層型ネットワーク**が使用されていた．

この階層型での下位ノードは，昔の電話局に相当し，ユーザ（加入者）端末を直接交換する加入者交換システムである．上位ノードは，中継伝送路相互間の接続を行う中継交換システムである．中継交換システムはさらに複数の階層に分けられ，とくに通信量が多い区間に対しては，効率を高めるため斜め回線が設定されていた．

1997 年には幹線系がすべてディジタル網となり，基幹回線の多くが銅線から光ファイバに置き換わって伝送路コストが低下した．これは，階梯数の減少，フラット化の進行と，それに伴うネットワークの運用・管理の効率化という具合に，通信ネットワークの急速な進展をもたらした．その結果，現在の固定電話網では 2 階梯程度から最近は 1 階梯つまりフラット型となっている．

電子メールに代表されるインターネットでは，複数の通信ネットワークどうしを相互接続している．これは上位・下位ノードの区別がなく，**フラット型ネットワーク**とよばれる（図 1.7(b)参照）．情報転送の際には，経路があらかじめ決まっていないので，空いている通信路を使う．そのため，通信路の使用効率が高く，きわめて低コストとなるが，混み合っているとき（輻輳という）は空くまで待ったり，データが破棄されたりする．

フラット型ネットワークの特徴

（ⅰ）情報が空いている経路で転送されるので，効率的で低コストとなる．
（ⅱ）個々の通信ネットワークごとの運用，管理が可能になる．
（ⅲ）技術の進展に伴う内容の変更や，利用者数の変動に伴う規模の拡大や縮小が容易となる．

1.4 プロトコルと OSI 参照モデル

1.4.1 プロトコル（通信規約）

通信には音声通信（電話），電子メール，データ通信，ファクシミリなど多くの種類がある．これらの通信を行うには，端末から出た送信情報が，異種の通信機器間で，かつ光ファイバや無線などの伝送路の種類によらず，相互に伝送できる必要がある．そのため，このような情報の送受は，通信機器や通信回線などのハードウェアに依存しないで動作するようになっている．これを実現するための，データをやりとりするうえでの通信規約を**プロトコル**（protocol）という．代表的なプロトコルの例は，インターネットでは TCP/IP，LAN ではイーサネット，データリンク層では HDLC などである．

固定電話などの古くからある業界では，プロトコルの標準化が進んでいた．しかし，後発のコンピュータ業界を含むデータ通信分野では，市場を制した企業による業界標準があり，新規参入業者による互換性のないプロトコルの乱立もあって，通信業界の発展を阻害していた．情報化社会の進展に伴い，各網内や局所的に設定された通信ネットワークを相互に接続し，異機種システム間でも通信が行えるように，各網での通信機能を共通の概念の下で整理しようとする機運が生まれた．

そこで，開放型システム間の相互接続のために，通信機能を階層構造に分けて考えることが，1978 年 ISO（国際標準化機構）により提唱された．これが OSI 参照モデルであり，プロトコルのアーキテクチャ設計の指針となっている．最近では，異なる階層構造の考え方も現れている（9.5 節参照）．

1.4.2 OSI 参照モデル

OSI 参照モデル（open system interconnection reference model）では，網ごとあるいは業界ごとに発達してきたプロトコルの複雑な機能を，七つの階層（layer）に分けて整理している．その目的は，各層での機能を単純化し，異なる網での相互関係を明確にして相互接続を容易にすることである（表 1.3）．OSI 参照モデルは，各層での一般的機能の概要を定義しているだけである．

各層は，隣接する上位層の特定のサービス要求に対して下位層が確認をしたり，隣接する下位層の指示に対して上位層が応答したりする仕組みになっている．つまり，隣接する階層以外のことを考慮せずに，各層の機能を果たすことができるようになっているのが特徴である．

OSI 参照モデルでは，ハードウェアに近い方を第 1 層，利用者に近い最上位層を第 7 層としており，ディジタル通信の場合，いずれの応用でも第 1 層では情報を「1」と

1章　通信ネットワークの概要

表1.3　OSI 参照モデルにおける各層の一般的機能

層	名　称	おもな機能
7	アプリケーション層	各アプリケーションを動作させる機能の提供
6	プレゼンテーション層	表現形式の変換：アプリケーション層で作成されたデータ表現を，ネットワークで使用可能な表現形式に変換
5	セッション層	データ送信方法の管理：トランスポート層で設定された通信コネクションの確立・解放と同期処理の管理
4	トランスポート層	データの信頼性管理：エンド・ツー・エンドでのデータ転送における高い信頼性を確保するための管理 誤り検出・訂正機能，再送要求機能，フロー・輻輳制御
3	ネットワーク層	経路制御や中継機能：エンド・ツー・エンド間でデータ転送する通信路を確保するための経路制御や中継機能 アドレス制御，サービス品質制御，データ転送制御
2	データリンク層	データ転送：通信媒体で物理的に接続された通信機器間でのデータ転送 フレームの送受信，そのフロー制御，転送制御機能
1	物理層	電気的・物理的接続：物理的媒体上で通信機器間のデータ転送を行うための物理的・電気的規格の規定 伝送路の選択，ビット列（「1」と「0」）と信号の変換，変調方法の規定

「0」の2値符号で扱う．アプリケーション層からセッション層までの上位3層は，音声通信・データ通信・画像などの個別の応用に関係した機能をもっている．ネットワーク層から物理層までの下位3層は，応用に依存しない，通信ネットワークでの伝送機能を担っている．トランスポート層はエンド・ツー・エンドでの信頼性の高いデータ転送の管理をしているので，下位層に属する．

　ユーザから特定のサービス要求があった場合，アプリケーション層の要求に対して，そのサービスを実行するために下位層が協力して，経路選択や中継を行い，情報を物理層で受信側に転送する．受信側では受け取った物理層の情報を，各層の協力を得て受信者が認識できるアプリケーションレベルのサービスに翻訳する．

　物理層の役割は，2値符号であるビット列（「1」と「0」）で表された送信情報と電気信号との変換を行うことである．そのため，伝送路の選択，変調・符号化方式の選択，伝送速度の決定などを行う．伝送路として，光ファイバ，撚り対線，無線，同軸ケーブルなどのいずれかを選択する．

　具体的なプロトコルは音声通信，インターネット，データ通信などの応用ごとに異なっている．現実の通信サービスでは，OSI 参照モデルのように7層に分けられているプロトコルはほとんどない．

> **プロトコルの階層化の利点と欠点**
> （ⅰ）各階層が独立に扱えるため，各層は与えられた機能のみを達成すればよく，ほかの層に気を配る必要がない．
> （ⅱ）そのため，システム設計が容易となり，システムの拡張や変更に対して柔軟に対応できる利点がある．
> （ⅲ）欠点は，各層内でのモジュールで類似の処理が増加するため，伝送遅延が生じたり，無駄が生じたりすることである．

1.4.3　階層間でのデータの受け渡し

　プロトコルは階層構造をなしており，層ごとに独立にデータをやりとりする．上位層から下位層にデータを渡す際は，ヘッダとよばれる制御情報をデータの先頭に付与する．逆に，下位層から上位層への受け渡しでは，下位層のヘッダを外して渡す．これにより，各層は先頭にある自分の層のヘッダだけを見て処理でき，ほかの層に気を配る必要がない．

　例として，OSI 参照モデルの第 3 層と第 2 層でのやりとりを説明する．前者と後者での情報単位をそれぞれ **IP パケット**と**フレーム**とよぶ（図 1.8）．第 3 層から渡された IP パケットは，第 2 層でフレームの主情報領域に収容される．この IP パケットには第 3 層で付与されたヘッダが含まれているが，第 2 層ではそれを認識することなく，IP パケット全体を単に送信データとして取り扱うことに注意が必要である．このような，各層が送信データとして主情報領域に収容するものを，**ペイロード**（payload）とよぶ．つまりペイロードとは，各層における正味のデータ部分のことである．ヘッダ（header）には，各層での宛先・送信元アドレスや各種の制御情報が書き込まれる．

　送信時は，こうして各層のヘッダとペイロードが入れ子構造になって順次下に渡さ

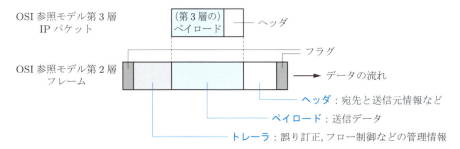

図 1.8　パケット転送のためのフレームの概略

れ，最後は前後にヘッダとトレーラが付与されてフレームとなる．**トレーラ**（trailer）は一般にデータリンク層で付与されるもので，管理情報が記載され，誤り検出・訂正のための符号なども入っている．フレームの前後には，境界を示すフラグが付加される．これが物理層に渡されて信号に変換され，伝送路に送出される．

受信時は，送信時とは逆の手順をたどって，各層はつねにその層のペイロードのみを上層に渡していく．

1.5　コネクション型通信とコネクションレス型通信

電話の場合，通話中に通信回線が途切れると不都合である．そこで，固定電話では送信者が受話器を上げて受信者の電話番号を入力すると，通話を開始する以前に，通信に必要なリソースが両端末間で確保される．この操作を**シグナリング**（signaling），この接続状態を両端末間での**接続**（connection）または**コネクションの確立**（図 1.9）という．いったん通信回線が接続されると，通話が終了するまでその回線が専有され，受話器を置くと接続（回線，コネクション）が解放される．

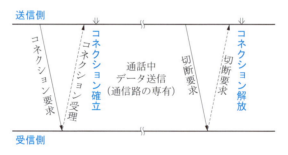

図 1.9　コネクション型通信（コネクションの確立と解放）

このように，通信サービスを開始する前に，通信を行う両端末間で通信路を物理的あるいは論理的に確保する通信を**コネクション型**（connection-oriented）**通信**という．コネクション型通信では，通信中に通信路が専有されるので通信品質が保証される．また，送信情報が途中で失われにくく信頼性が向上する．しかし，専有中はほかの通信者が使用できないので，回線の使用効率が低下する．そのため，使用目的に応じて，通信路の専有の可否を判断することになる．固定電話に限らず，接続の確立は双方向通信では不可欠である．

コネクション型通信は，上記の電話網以外に，パケット通信 X.25 や，インターネットの TCP などに使用されている．パケット通信 X.25 では，論理的な通信回線を設

定し，パケットが経由する経路を一定に保ち，パケットの消失を防止している．インターネットのプロトコルである TCP/IP の TCP では，送信情報を広義の意味でのパケットという単位に小分けする（7.3 節参照）．パケット転送を開始する前に，ポート間で論理的な通信経路を設定して信号のやりとりを行い，パケット転送後に通信路を解放する．

通信を行う両端末間で直接的な通信路を設定せずに通信を行う形態を，**コネクションレス型**（connectionless）**通信**という．これでは各送信データに宛先のアドレスを付与する．各種確認作業をしないので，転送効率を高められる利点がある．これの例として TCP/IP における IP がある．この場合，送信情報は各パケットに付与されるヘッダに記載されたアドレスに従い，それぞれが独立してルータで経路選択されて転送される．そのため，データが送信した順序どおりに到着するとは限らない．また，網が輻輳していると，パケットが破棄される場合があるので，通信品質が必ずしも保証されない．

1.6 通信の評価項目と国際間標準化

通信では，情報が相手に届くことが前提であるが，目的によって何を重視するかが変わってくる．音声通信（固定電話・携帯電話・IP 電話）や映像では実時間性が重要なので，伝送遅延時間および遅延揺らぎの小さいことが必須であるが，多少の誤りは許容される．データ通信では，とりわけ数字の間違いは致命的なので，高い信頼性が要求されるが，実時間性は多少犠牲にしてもあまり問題がない．インターネットでの通信では，遅延時間への要求条件は厳しくないが，近年はセキュリティ対策が重要となっている．

代表的な評価項目

(i) 符号伝送速度：1 秒あたりに伝送される情報のビット数を**伝送速度**（bit rate）または通信速度といい，単位は [bit/s] または [bps] である．1 秒あたりに伝送される信号要素数を**変調速度**（baud rate: ボーレイト）またはシンボルレートといい，単位は [baud] である．

(ii) 伝送遅延時間と遅延揺らぎ：即時（実時間）か待時で異なる．電話で円滑な会話をするには，遅延時間が 150 ms 以下といわれている．

(iii) 信頼性：符号誤り率が小さいことが重要で，ディジタル通信では通常 10^{-6} 以下，高品質の通信では 10^{-9} 以下の誤り率が要求される．誤り訂正符号を付加して誤り率を小さくする．

(iv) スループット（through-put）：端末が一定時間内に実際に通信できるデータ量であり，通常，伝送速度の公称値より小さくなる．

(v) セキュリティ：情報の秘匿の確保や改ざん・盗聴防止などのため，暗号化や認証技術が用いられている．

(vi) コストと課金：通信サービスに対して課金が適切に行えること．

　上記のような評価項目を総合的に勘案して，通信品質の良し悪しが判断される．このほか，提供できるサービスの種類という観点も重要である．

　国際間の通信では，標準化や調整が必要となる．ITU（International Telecommunication Union: 国際電気通信連合）は電話，電信（データ通信を含む），無線などの国際電気通信の企画と標準化を管掌する国連条約機構の一つである．電話網の標準化はその下部機関の CCITT（国際電信電話諮問委員会）で行われていたが，これは 1993 年 ITU-T（ITU-Telecommunication standardization sector: 電気通信標準化部門）に改組された．無線で使用する周波数帯は，ITU-R（ITU-Radiocommunications sector: 無線部門）で審議されている．IEEE（Institute of electrical and electronics engineers: 米国電気電子学会）は世界的な学会であり，同 802 委員会で LAN に関する技術標準が審議されている．

情報科学でのデータ単位と n 進数

　ディジタル信号では，送信情報を「1」と「0」の 2 値符号（2 進数）で表すことが多い．2 進数での 1 桁を**ビット**（bit），8 ビットを 1 **バイト**（byte）または 1 **オクテット**（octet）とよぶ．伝送速度は 1 秒あたりに送信できるビット数で表され，単位［bps］（bit per second）で表現する．

　下に 10 進数，2 進数，16 進数の対応表を示す．2 進数では桁が多くなるので，IPv6 アドレスや MAC アドレスでは 16 進数が使われている．

10 進数	0	1	2	3	4	5	6	7
2 進数	0	1	10	11	100	101	110	111
16 進数	0	1	2	3	4	5	6	7

8	9	10	11	12	13	14	15
1000	1001	1010	1011	1100	1101	1110	1111
8	9	A	B	C	D	E	F

演習問題

1.1 撚り対線，同軸ケーブル，光ファイバのそれぞれについて，構造の概略と特徴を説明せよ.

1.2 ネットワークトポロジーで，ツリー型とメッシュ型はどのように使い分けられているか説明せよ.

1.3 階層型ネットワークとフラット型ネットワークは，どのように使い分けられているか説明せよ.

1.4 OSI 参照モデルにおける階層化について，次の問いに答えよ.

(1) 階層化が必要な理由を述べよ.

(2) 階層化の特徴と，その利点・欠点を説明せよ.

1.5 2018 バイトのデータを伝送速度 64 kbps で転送するとき，所要時間がいくらになるか. ただし，回線の使用効率を 80% とする.

1.6 次の用語について説明せよ.

(1) UTP ケーブル   (2) プロトコル   (3) コネクション型通信

2章 変復調

送受信者間で情報をやりとりする際には,情報源の信号をそのまま送信するのではなく,変調によって伝送路に適した信号に変換してから送信することが多い.本章では,現在主流となっているディジタル通信で使用される変調方式を中心に説明する.

2.1節では変調の意義を,2.2節では変調方式の分類を述べる.2.3節では,変調の基礎を知るためアナログ変調方式を説明する.2.4節では,音声・画像などのアナログ信号をディジタル化する際の基礎となる,パルス符号変調(PCM)の原理を説明した後,ディジタル化の特徴と利点を説明する.2.5節では,PCMを用いた通信における再生・線形中継伝送と伝送路符号形式を説明する.最後の2.6節では,無線通信や光ファイバ通信でよく利用されているディジタル変調方式を説明する.

2.1 変調の意義

情報源がもっている電磁気的波形を**信号**(signal)という.通信では,送信したい信号の周波数領域と伝送路の周波数帯域が一致するとは限らない.また,無線のように決められた周波数帯しか使えない場合がある.このような場合,送信したい信号をそのまま伝送するのではなく,伝送路に適した周波数帯の基本波を用意し,その波に情報を載せ替えることで,伝送路の帯域や特性に合わせて効率よく伝送できる.これを**変調**(modulation)という.情報を載せるための基本波を**搬送波**(carrier)といい,搬送波の振幅や位相といった特性値を,送信したい信号に従って変化させることで情報が載せられる.受信側では,搬送波に載せられた情報を取り出して,もとの信号を復元する.これを**復調**(demodulation)という(図2.1).

変調により,伝送路の帯域に合わせて伝送する方法を**ブロードバンド伝送**(broadband transmission)または帯域伝送とよぶ.これは後述するように,複数の周波数帯域に分けて多重化して使用されることが多い(図3.3参照).それに対して,変

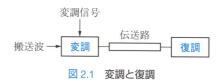

図2.1 変調と復調

調を行う前の，もとの信号を**ベースバンド信号**（baseband signal）または**基底帯域信号**といい，これをそのまま伝送する方法を**ベースバンド伝送**（baseband transmission）という．ベースバンド伝送は雑音に弱いが，装置が簡単なのでLANなどの近距離通信で使用される．

伝送路の特性に見合った最適な変調方法は理論的に示せないが，伝送速度の上限は帯域幅の関数として示すことができる．シャノン（C. E. Shannon，米国）によると，帯域幅 B [Hz] の伝送路において，単位時間あたりに誤りなく伝送できる情報量の上限 C [ビット/s] は，次のようになる．

$$C = B \log_2 \left(1 + \frac{S}{N}\right) \text{[ビット/s]} \tag{2.1}$$

ここで，S/N は信号対雑音電力比である．C を伝送路容量とよぶ．実際の通信で単位時間あたりに伝送できる情報量は，変調方式や，後述する符号化や多重化の方式などによって異なり，C の値よりも低くなる．すなわち，C は理想的な通信方式で可能となる，その伝送路における最高伝送速度である．そのため，できるだけこの上限に近い性能が実現できるよう，様々な変調方式が考案されている．また，高い伝送速度を達成するためには，伝送路の帯域幅が広いことが望ましい．この面から，十分な広帯域特性をもつ光ファイバ（5.3節参照）は伝送路にふさわしいことがわかる．

2.2 変調方式の分類

代表的な変調方式を分類すると，図2.2のようになる．

搬送波には通常，正弦波またはパルス列が用いられ，正弦波の場合を**連続波変調**，パルス列の場合を**パルス変調**とよぶ．搬送波には電気信号，電波・光などが使用され

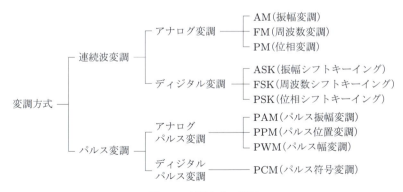

図2.2 変調方式の分類

る．伝送したい信号を**変調信号**という．変調信号がアナログ信号の場合をアナログ変調方式，変調信号がディジタル信号の場合をディジタル変調方式という．変調方式は，搬送波の振幅や周波数，位相を変化させる方法により，さらに細かく分けられる．

アナログ変調方式で連続波変調の場合を単に**アナログ変調**といい（図 2.3），変調信号の振幅の大きさを，搬送波信号の振幅に変換するものを振幅変調，周波数の変化に変換するものを周波数変調，位相の変化に変換するものを位相変調という．連続波変調でベースバンド信号がディジタルの場合（ディジタル変調方式）を，上記の振幅，周波数，位相への変換に対応して，ASK，FSK，PSK とよぶ（詳細は 2.6 節参照）．

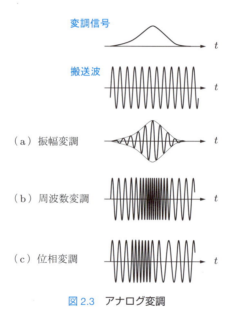

図 2.3 アナログ変調

パルス変調では，離散的な時間でベースバンド信号の大きさを標本化した値（標本値）で伝送される．標本値をアナログ量として送信するものを，**アナログパルス変調**とよぶ（図 2.4）．標本値に比例したパルスの振幅に変換するものをパルス振幅変調（PAM），基準位置からの距離に変換するものをパルス位置変調（PPM），幅に変換するものをパルス幅変調（PWM）という．アナログパルス変調は，通信にはほとんど使われていない．

上記標本値（アナログ信号）も離散化してディジタル量とし，これを通常「1」と「0」の 2 値の符号列に変換して，対応するパルス列で伝送する方式を**ディジタルパルス変調**という．ディジタルパルス変調で実用上，もっともよく利用されているのがパルス符号変調（PCM）であり，ほかに定差変調，差動 PCM がある．

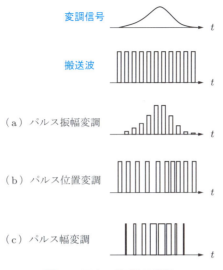

図 2.4 アナログパルス変調

変調と復調を行う装置をそれぞれ**変調器**（modulator）と**復調器**（demodulator）という．通信システムでは双方向となることが多く，変調器と復調器が対で設置される．そのため，変・復調器を合わせて**モデム**（modem）とよぶ．

2.3 アナログ変調

アナログ変調方式は，おもに AM・FM ラジオなどで使用されている．ここではアナログ変調の基本的な考え方を述べる．

搬送波として用いられる正弦波は，一般に次式のように表される．
$$U = A\cos(2\pi ft + \theta) \tag{2.2}$$
ここで，A は振幅，f は周波数，θ は位相，t は時間である．A, f, θ が定数のときは，これは単に一定の変化を繰り返すだけの波を表し，何の情報も伝えることはできない．これら振幅，周波数，位相という波動の特性値のいずれかを，情報に従って時間的に変化させることで，情報を伝えることができる．これがすなわち変調である．

振幅 A を変化させるものを**振幅変調**（AM: amplitude modulation，図 2.3 (a) 参照），周波数 f を変化させるものを**周波数変調**（FM: frequency modulation，図 2.3 (b) 参照），位相 θ を変化させるものを**位相変調**（PM: phase modulation，図 2.3 (c) 参照）とよぶ．周波数変調と位相変調をまとめて**角度変調**とよぶこともある．

簡単のため，搬送波，信号波ともに正弦波とした振幅変調を考える．搬送波の振幅を A_c，周波数を f_c とし，信号波の振幅を A_s，周波数を f_s ($< f_c$) とすると，

搬送波： $U_c = A_c \cos 2\pi f_c t$

信号波： $U_s = A_s \cos 2\pi f_s t$

と表される．これを振幅変調すると，被変調波（変調後の波）は次のようになる．

$U_m = (A_c + U_s) \cos 2\pi f_c t = A_c (1 + m \cos 2\pi f_s t) \cos 2\pi f_c t$

$$= A_c \cos 2\pi f_c t + \frac{mA_c}{2}[\cos 2\pi (f_c + f_s) t + \cos 2\pi (f_c - f_s) t] \tag{2.3}$$

ここで，$m = A_s / A_c$ を変調度といい，通常は $0 < m < 1$ にとられる．

式 (2.3) よりわかるように，搬送波の周波数成分 f_c に加えて，新しい周波数成分 $f_c \pm f_s$ が変調により発生する．信号波が一般のベースバンド信号のように幅をもつ場合，これは図 2.5 に示すように，搬送波周波数 f_c を中心とした左右対称の波形となる．これらを側波帯とよび，高（低）周波側を上（下）側波帯という．もとの信号波は，どちらか片方の側波帯だけで復元できる．中心にある搬送波成分は情報の伝送には寄与しない．

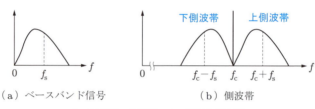

(a) ベースバンド信号　　　　　(b) 側波帯

f_s：信号波の周波数，f_c：搬送波周波数

図 2.5　ベースバンド信号と側波帯

変調は，このように低い周波数領域にあるベースバンド信号を，より高い周波数領域にある搬送波の位置に移すものであり，周波数軸上で信号を再配置する操作といえる．この考え方を多数の搬送波周波数に拡張したものが，周波数分割多重 (3.3.1 項参照) である．

2.4　情報のディジタル化

ディジタル信号では，多少の雑音があったとしても，それが判別レベルさえ超えなければ信号には影響がない．そのため，ディジタル通信の方が有利であることは早くから知られていたが，当初は装置が高価でディジタル化への移行が遅れていた．しかし，半導体産業の進展に伴う経済性の改善や信号処理技術の向上などの結果，現在ではディジタル通信が主流となってきている．このディジタル化技術は，通信システムや放送だけでなく，CD や DVD などの身近な機器にも応用されている．

2.4.1 パルス符号変調（PCM）

アナログ情報のディジタル化は，次のような手順で行われる．まず，アナログ情報を表す信号から，図 2.6 のように特定の時間間隔 Δt で離散化した値を取り出す．これを**標本化**（sampling）とよび，標本化で得られた信号値を標本値（sample value）とよぶ．このとき，原信号に含まれる周波数成分の最大値を $f_{\max}$ として，時間間隔 Δt が

$$\Delta t \leq \frac{1}{2f_{\max}} \tag{2.4}$$

であれば，標本値から原信号を正しく復元できる．これをシャノンの**標本化定理**[†1]（sampling theorem）という．この段階での各標本値はアナログ量であり，さらにこれも有限個のレベルに変換して離散化する．これを**量子化**（quantization）という．量子化されたディジタル情報を，規則に従い符号で表現してディジタルデータに変換することを**符号化**（coding または encoding）といい，通常，「1」と「0」の 2 値符号（binary code）列で表される．

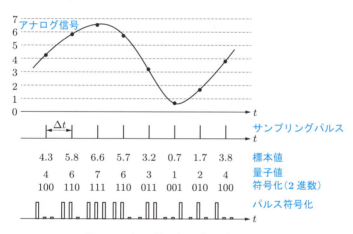

図 2.6　パルス符号変調（PCM）の原理
図は振幅を 2^3 つまり 3 ビットで量子化した場合．

このように，アナログ信号をディジタル化して「1」と「0」の 2 値符号列に変換し，「1」と「0」をそれぞれパルスの有無に対応させたパルス信号列で伝送する方式を**パルス符号変調**[†2]（PCM: pulse code modulation）とよぶ（図 2.7）．PCM はディジタルパルス変調に分類される変調方式の一種である．

[†1] 標本化定理は，最初ナイキスト（H. T. Nyquist，スウェーデン）が提示し，1949 年にシャノンが証明した．
[†2] PCM は，1937 年に A. H. Reeves（英国）により考案された．ただし，実用されるようになったのはトランジスタが普及した 1960 年代になってからである．

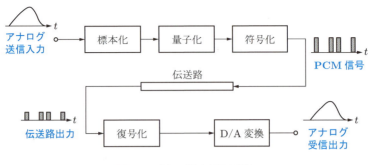

図 2.7　パルス符号変調の概略

　受信側で，減衰したパルス列から符号を読み取り，もとの信号に復元することを**復号化**（decoding）という．符号化と復号化を行う装置をそれぞれ**符号器**（coder）と**復号器**（decoder）という．通信システムで符号器と復号器が対で設置されるとき，符号・復号器を合わせて**コーデック**（codec）とよぶ．

　量子化では通常，信号レベルを 2^n 個のレベルに分け，標本値を一番近いレベルの値（量子値）で近似する．このような量子化過程で含まれる誤差を**量子化雑音**（quantizing noise）という．

　量子化過程では，区切りを小さくすれば SN 比が上昇するが，多くのビット数を必要とするため不経済となる．そこで，一定のビット数の下で SN 比を上げる工夫がなされている．人間の五感は対数特性で表せ，たとえば，掌に載せた重さの場合，軽い間の変化に比べて，重いときの変化には鈍感といわれている．そこで，低い振幅レベルでの幅を細かくとり，振幅の増加とともにレベルを粗く分解して，有限の符号を有効に利用することがある．このような操作を信号の圧縮と伸張といい，対数特性が利用される．

　パルス符号列を復号化する際には，振幅や強度を一定のしきい値レベル（判別値）と比較し，これとの大小関係で「1」と「0」を判別する．したがって，伝送時に雑音があったとしても，判定レベル以内の変動であれば，送信された信号を正確に判別できる．また，余分の符号を追加した**誤り訂正**（error correction）機能を付加しておくと，たとえ誤りがあったとしても原信号を復元できる．これらのことが，ディジタル信号が雑音に強いといわれるゆえんである．

2.4.2　ディジタル化の特徴と利点

　ディジタル化の利点を表 2.1 に示す．ディジタル化により，多種類の情報を送信する場合でも，2 値符号に変換後はいずれの情報も同等に扱えるので，システム構成が

表 2.1 ディジタル化の利点

特　徴	効　果
雑音に強い	中継器に要求される性能がアナログに比べてはるかに緩やか（経済的），画像の経年劣化なし
音声，画像，データなどの異種情報の一括的取り扱いが可能	マルチメディア化への適合性
誤り検出・訂正が可能	通信品質やデータの信頼性向上
データ加工が容易	データの変換や柔軟な処理が可能，暗号化が可能
帯域圧縮が可能	使用帯域の節約，人間の視聴覚特性の利用
時分割多重通信が可能	伝送路の時間的有効利用

簡単になる．また，誤り訂正やデータの加工が容易となり，後述する多重化や交換が簡単に行えるようになるなどの特徴をもつ．その反面，信号をメモリに蓄積して処理するため，伝送遅延時間が増加するという欠点がある．通信ではないが，絵画などの美術品のディジタル化によるアーカイブ事業も，画像などの経年劣化を防止できるという利点を活かしたものである．

2.4.3 音声と画像の情報量

人間は五感を通して情報を受容する．それらのうち，聴覚と視覚に関係する，音声と画像がもつ情報量を順に見積もってみよう．

人間の可聴周波数は 20 Hz〜20 kHz である．日本語の 50 音を判別する周波数帯はフォルマントとよばれ，音声情報を誤りなく伝えるにはこれをカバーする必要がある．しかし，あまり多くの周波数領域をカバーすると，経済的に不利となる．電話での音声のベースバンド帯域は 300 Hz〜3.4 kHz であるが，フィルタ特性などへの余裕をみて，最大送信周波数を f_{max}＝4.0 kHz にしている（図 2.8）．

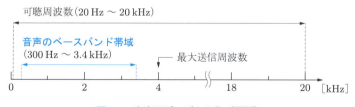

図 2.8 音声のディジタル化（電話）

したがって，音声をディジタル信号に変換するには，標本化定理の式 (2.4) により，少なくとも $1/(2\cdot 4\cdot 10^3)$＝125 μs 間隔で標本化しなければならない．音声の強度レベルを 8 ビット（＝1 バイト：byte）で分解すると，毎秒あたりの音声データ量は

$$8\times(2\cdot 4\cdot 10^3)=64\text{キロビット (64 kbps)}=8\text{キロバイト}$$

となる．そのため，音声通信で多重化する場合には 64 kbps が単位となっている．このことは，アナログ信号での所要帯域 4.0 kHz が，ディジタル信号では 64 kbps となることを示している．固定電話では，音声符号化に PCM 方式を用いている．

画像情報の帯域は 4～6 MHz 程度である．画像情報をディジタル化する場合，1 画面（フレーム[†1]）をたとえば，横 352× 縦 288 の微小区画に区切る（図 2.9）．この微小区画を**画素**（pixel）または**ピクセル**とよぶ．フルカラー画像の場合，1 画素を 3 原色のそれぞれに対して 8 ビット，3 原色に対して 24 ビット（＝3 バイト＝1670 万色）で符号化する．現在のテレビやビデオの動画は毎秒 30 フレームの画像を送っている．よって，毎秒あたりのデータ量は

$$24 \times 352 \times 288 \times 30 = 73.0 \text{ メガビット (73.0 Mbps)} = 9.1 \text{ メガバイト}$$

となる．廉価な装置の場合，1 画素を 8 ビットで符号化しているものもある．

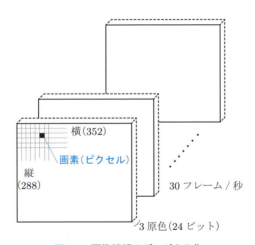

図 2.9　画像情報のディジタル化

以上より，動画の情報量は音声情報の約 3 桁大きいことがわかった．よって，静止画はその 1/30 であるから，音声情報より約 2 桁情報量が多いことが予測できる[†2]．

画像情報，とくに動画を伝送するには多くの帯域を必要とするので，所要帯域幅を減らす工夫がなされている．人間の視覚特性では，低周波成分に対しては敏感であるが，高周波成分に対しては鈍感なので，高周波成分を減らしても視覚的にはあまり問題がない．また，画面全体が時間的に変化することもあるが，背景がそのままで画面の一部，たとえば人物だけが移動する場合も多い．この場合は，変化のある部分のデー

[†1] ここでは動画を構成する 1 枚の静止画のことを指し，1.4.3 項で述べた情報単位のフレームとは異なるので注意されたい．
[†2] したがって「百聞は一見に如かず」ということわざは，的を射た表現といえる．

タのみを伝送すればよい．前の画面との変化分だけを符号化し，転送する方法をフレーム間予測符号化という．予測符号化には差動 PCM やデルタ変調が用いられる．

このように，画質を視覚的に許容できる範囲内で落とし，所要帯域を減じることを**帯域圧縮**（image compression）という．アナログ通信ではこのようなことはできず，これもディジタル化の利点である．帯域圧縮の原理から予測できるように，動きが激しく，輝度変化の大きな画像では，帯域圧縮した画像がアナログ画像の質を下回ることがある．

静止画像の圧縮方式として JPEG（joint photographic coding expert group: ジェイペグ），動画の圧縮方式として MPEG（moving picture expert group: エムペグ）がある．MPEG では帯域を 1/100～1/15 程度に圧縮することができ，この方式は写真カメラでも使用されている．

2.5 再生・線形中継と伝送路符号

2.5.1 再生中継と線形中継

PCM によるディジタル通信では，送信側で符号の「1」，「0」をパルスの有無に置き換える．信号が伝送路を伝搬する場合，伝送路の損失によりパルスの振幅や強度が減衰し，雑音が加わる．パルス波形が雑音で歪んだとしても，信号が微弱になりすぎず波形の変動が判定レベル以内に収まる伝送距離であれば，受信側で送出信号を正確に判別できる（図 2.10）．判別した 2 値符号を再度送出するという操作を繰り返せば，雑音の影響をほとんど受けることなく，遠方まで情報を正確に伝送できる．このような方式を**再生中継**（regenerative relay）とよぶ．ディジタル通信では 2 値符号のみを判別すればよいので，再生中継により雑音の影響を極度に軽減できるのが最大の特徴

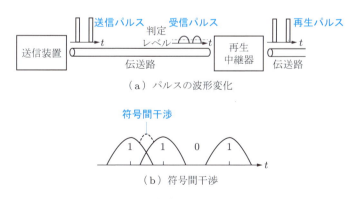

図 2.10　再生中継における信号の伝送

28   2章　変復調

である.

　受信側には，伝送路の特性に応じた，減衰した符号列が届くだけであり，符号がどのタイミングにあるかは不明である．そこで，ある一定の長さの符号列を蓄積し，時間をずらした同じ符号列との比較からタイミングを抽出する.

　ディジタル通信で伝送距離が長くなりすぎると，タイミングのずれや減衰した信号により，「1」，「0」の判別を誤ったり，判別できなくなったりする．このような誤りを符号誤りまたはビットエラーとよび，この発生確率を**符号誤り率**（bit error rate）とよぶ．符号誤り率は伝送路に混入する雑音や変調波の SN 比に依存する．符号誤り率を低下させるには，誤り訂正ができるように符号に冗長度をもたせればよいが，そのぶん伝送効率は低下する.

　再生中継で，判別しやすくするためにパルス波形を最適化することを等化（reshaping），パルス列のタイミングをとり直すことを再整時（retiming），新しいパルス列を送出することを波形再生（regenerating）といい，これら三つの頭文字をとって 3R 機能という．再生中継で 3R 機能を行う装置を再生中継器とよぶ．中継するまでの距離を**中継間隔**（repeater spacing）といい，中継間隔は伝送路の損失や雑音特性に依存する．再生中継により，符号誤りが極度に減少し，高品質の通信が長距離にわたって行える.

　伝送路によっては，パルス幅が伝送距離に応じて増加する．たとえば，光ファイバでは分散により光パルス幅が伝搬とともに広がる（5.3.3 項参照）．このような場合，単位時間にパルスを詰めすぎると，伝搬後に隣り合うパルスが重なり合って，標本点でない高強度点をタイミング点と間違ってしまう．このような現象を**符号間干渉**という（図 2.10 (b) 参照）．そのため，単位時間あたりに伝送できるパルス数つまり伝送速度や，中継間隔が制限を受ける.

　中継器の中継間隔や伝送速度は，システムでの符号誤り率が一定値（ディジタルシステムでは 10^{-6}，高品質では 10^{-9}）以下となるように設定されており，通信システムの経済性を考慮するうえで重要な因子である.

　波形再生をしないで，受信した波形をそのまま増幅・中継する方式を**線形中継**（linear relay）とよぶ．この方式では雑音や歪みが累積するが，構成が簡単なので経済性に優れる．線形中継は，アナログ通信や後述する光増幅器での光直接増幅（5.2 節参照）で利用されている.

例題 2.1　伝送速度が① 64 kbps，② 1.544 Mbps，③ 400 Mbps の場合について，符号誤り率が 10^{-6} となるのは，どれだけの時間に 1 回の誤りに相当するか求めよ.

解答　S [Mbps] は符号を p 秒間に $10^6 pS$ ビット送ることに相当する．これが 10^6 に一致

するのは $p=1/S$ である．よって，① 15.6 s，② 0.65 s，③ 2.5 ms となる．

2.5.2 伝送路符号形式

2値符号の「1」，「0」を，それに対応したパルスへと変換する形式のことを，伝送路符号形式という．前項で述べたように，パルスは様々な要因により歪み，符号誤りの原因となる．符号誤り率を低減するには，伝送路の特性に適した伝送路符号形式を選択する必要がある．

伝送路符号形式を決める場合の基本的な要求条件は，次のとおりである．

(i) 「0」レベル（パルスなし）または「1」レベルが多数連続すると，受信側でタイミング抽出ができない．そこで，「0」または「1」レベルの連続を避けることが重要である．

(ii) 直流成分は，中継器給電用トランスで遮断されて歪みが増加するので，直流成分が少ない符号，つまり「＋」と「－」のバランスがとれている符号が望ましい．

伝送路符号形式の種類と特徴を表2.2 に示す．単極とは振幅が正とゼロ，両極とは振幅が正と負をとるものを意味する．RZ（return-to-zero）と NRZ（non return-to-zero）は，それぞれタイムスロット中で必ずゼロに戻るものと戻らないものを意味する．

単極 NRZ では，符号「1」と「0」に応じてそれぞれ信号レベル「1」と「0」を出力し，同符号が連続する場合は，同じ信号レベルを維持する．単極 RZ では，符号「1」

表2.2 伝送路符号形式の種類と特徴

符号形式	例	帯域幅	特　徴
単極 NRZ		f_b	・所要帯域が狭くて済む
両極 NRZ		f_b	・単極 NRZ より極性変化が明確
単極 RZ		$2f_b$	・NRZ に比べてタイミング抽出が容易
マンチェスタ		$2f_b$	・タイミング抽出が容易 ・直流バランスがとれている
AMI（バイポーラ）		f_b	・極性反転を利用 ・直流成分抑圧
CMI		$2f_b$	・「1」や「0」の長い連続がない ・タイミング抽出が容易

f_b：ベースバンド信号の帯域幅

に対して信号レベル「1」を出力し，かつタイムスロット幅中で必ず「0」レベルに戻る．RZ では，必ず「0」レベルに戻るため，NRZ に比べて 2 倍の帯域を必要とするが，符号「1」が連続しても容易にタイミング抽出できる．

マンチェスタ（Manchester）**符号**とは，信号の中間で必ず極性を反転させるもので，符号「0」を「＋1」・「−1」レベル，符号「1」を「−1」・「＋1」レベルとする IEEE802.3 規則と，その逆のトーマスの規則がある．「0」レベルが連続しないためタイミング抽出が容易で，直流バランスもとれているが，信号の 2 倍の帯域を必要とする．

AMI（alternative mark inversion）**符号**は，符号「0」のときは「0」レベルを送り，符号「1」のときは「＋1」と「−1」を交互に送出する．このように，振幅が正，ゼロ，負の三つのレベルを使うものを**バイポーラ**（bipolar）**符号**とよぶ．AMI では符号「1」が来るたびに極性が必ず反転するので，直流成分が抑圧される利点がある．「0」が長く続くとタイミング抽出が困難となるので，一定のビット列に特定ビットを付加して，これを回避する．AMI はメタルケーブルで使用される．

CMI（code mark inversion）**符号**とは，符号「0」を中間で極性反転させて「10」で出力し，符号「1」はそれが出現するたびに「00」と「11」を交互に出力する方式である．極性が少なくとも 2 ビットに 1 回反転するので，タイミング抽出が容易となる．しかし，信号の 2 倍の帯域を必要とするので，光ファイバのように帯域に余裕のある場合に利用される．

「0」または「1」の同符号が連続するのを防止するため，冗長符号が使用される．その一つである *m*B/*n*B **符号**（m, n：整数）は，m ビットのデータに冗長ビットを付加して n ビットとし，データビットがすべて「0」の場合でも，必ず「1」が入るように調整するものであり，光ファイバのように帯域に余裕がある場合に有用な方法である（8.3 節参照）．

2.6 ディジタル変調方式

搬送波が正弦波で，変調信号がディジタル信号の場合を**ディジタル変調方式**という．このとき，搬送波が式 (2.2) で表せ，送信符号は「1」と「0」の 2 値である．

ディジタル変調方式で，送信符号の「1」と「0」を，振幅の大小に対応させるものは**振幅シフトキーイング**（ASK: amplitude shift keying）というが（図 2.11），これはあまり用いられていない．また，光は周波数が非常に高いために振幅を検出することができず，観測できるのは光強度である．そのため，光ファイバ通信では通常，光強度を変化させる**強度変調**（intensity modulation）を用い，光パルスの有無で「1」と「0」の 2 値符号を表す．このように，搬送波の有無で 2 値符号を表す方法を OOK

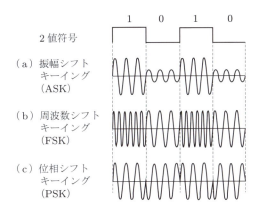

図 2.11 ディジタル変調方式の概略

(a) で 0 のときに搬送波がないのが OOK である．

(on-off-keying）とよび，ASK の一種である．2 値符号を高低周波数に対応させるものを周波数シフトキーイング（FSK: frequency shift keying）といい，これは振幅変動の影響を受けにくい．

2 値符号を位相に対応させるものを**位相シフトキーイング**（PSK: phase shift keying）とよぶ．これは周波数に対するビット伝送量が大きく，この特徴が実用システム，とくに無線通信に活かされている．符号の「1」と「0」を位相の 0° と 180° に対応させる方法を 2 相 PSK（BPSK: binary PSK）とよぶ．2 値符号を 2 ビット用いた「00」，「01」，「10」，「11」を位相の 45°，135°，225°，315° または，0°，90°，180°，270° に割り当てる方法を 4 相 PSK または直交位相シフトキーイング（QPSK: quadrature PSK）という．このように，1 シンボルで複数の情報を判別し伝送する方法を**多値変調**とよぶ．多値変調の場合，伝送速度は変調速度にその 1 シンボルあたりのビット数を掛けた値となる．n ビットの 2 値符号に対応した $M=2^n$ 個を $2\pi/M$ 間隔の位相に多値化する方式を，M 相（M-array）PSK または M 元 PSK とよぶ．M 相 PSK は位相数 M を増加させるほど伝送効率がよくなるが，位相の判別が技術的に困難となってくるため，$M=8$ 程度が限度である．

そこで，位相に加えて，振幅も同時に変調信号で変化させる振幅位相シフトキーイング（APSK: amplitude-phase shift keying）が用いられる．二つのパラメータを利用することで，単位時間により多くのビットを伝送することが可能となる．

APSK の一種に**直交振幅変調**（QAM: quadrature AM）がある．QAM は伝送帯域を増加させることなく，高速のデータ伝送ができる．これは，二つに分割したベースバンド信号を，互いに直交する搬送波でそれぞれ振幅変調した後に，これらを加算して被変調波を作成する方法である．被変調波は次式で表すことができる．

$$U_{\mathrm{QAM}}(t) = \frac{A}{2}[a_i(t)\cos(2\pi f_c t) + b_i(t)\sin(2\pi f_c t)] \quad (i=1,\cdots,m) \tag{2.5}$$

ここで，$a_i(t)$ と $b_i(t)$ は等間隔の正負対称な m 個の実数値，A は振幅，f_c は搬送波周波数である．n ビットの 2 値符号のとき，$M=2^n$ に対し MQAM または M 元 QAM とよばれる．M を変調多値数といい，$M=m^2$ にとられることが多い．同相成分 $a_i(t)$ と直交成分 $b_i(t)$ の組み合わせの集合を信号点配置図という．

PSK と QAM に対する信号点配置図の例をそれぞれ図 2.12 と図 2.13 に示す．相の数が多くなると，PSK より QAM の方が一定の信号点間距離を保つのに必要な電力が少なくなり，有利である．16 相以上では QAM が用いられることが多い．1 シンボルにつき，16QAM では 4 ビット，64 QAM では 6 ビット，MQAM（$M=2^n$）では $\log_2 M$（$=n$）ビット伝送できる．

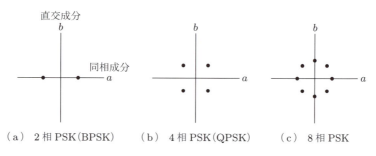

図 2.12　PSK に対する信号点配置

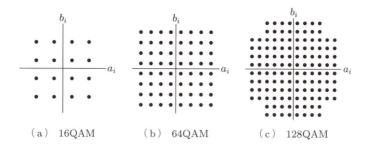

図 2.13　QAM に対する信号点配置

8 相 APSK に対する信号点配置図と波形の関係を図 2.14 に示す．3 ビットのうち，1・2 ビット目で相対位相を表し，「00」を 0°，「01」を 90°，「11」を 180°，「10」を 270° として区別する．3 ビット目で 2 値の振幅を区別し，合計で 8 種類の波形を表す．

電話回線を用いたデータ通信では 4・8 相 PSK や APSK が，地上固定無線通信で

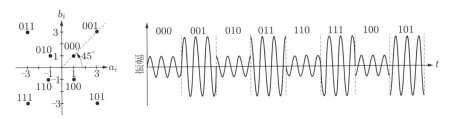

図 2.14　8-APSK の信号点配置と波形の例
上位 2 ビットで相対位相，3 ビット目で振幅を表す．

は 64QAM，128QAM，256QAM が，移動通信システムでは 16QAM，64QAM，256QAM などが使用されている．

────────────── ○ 演習問題 ○ ──────────────

2.1 ディジタルパルス変調で伝送路符号形式を考える場合に，伝送路の帯域が広いことが有利となる理由を説明せよ．

2.2 伝送路の帯域幅が 4 kHz，SN 比が 20 dB，30 dB の場合について，通信可能な最大伝送速度を求めよ．また，この結果を 2.4.3 項で求めた電話に対する伝送速度 64 kbps と比較して，数値の違いの意味合いを説明せよ．

2.3 パルス符号変調の原理を説明せよ．

2.4 再生中継器で行う 3R 機能について説明せよ．

2.5 ディジタルパルス変調において，伝送路符号形式を選択する際の基本的な考え方を説明せよ．

2.6 次の用語について説明せよ．
　　（1）再生中継　　（2）RZ　　（3）QAM

3章

多重化技術

　家庭やオフィスなどの多数の端末から送信される信号をまとめて別の形の信号とし，伝送路を通して伝送することを多重化という．多重化により伝送路を効率よく使用でき，通信ネットワークシステムを経済的に運用することができる．本章では，多重化に関する技術を説明する．

　3.1 節では多重化の意義と基本概念，とくにパスの概念を説明し，3.2 節では多重化方式を分類する．具体的な多重化方式として，3.3 節では周波数分割多重と波長分割多重など，3.4 節では同期・非同期多重，3.5 節ではパケット・セル多重などについて，順次，その基本構成や特徴などを説明する．3.6 節では，多重化方式の具体例として，各国の電話網で伝送路として同軸ケーブルが用いられていた頃の多重化方式である，非同期ディジタルハイアラーキ（PDH）を紹介する．多重化と密接な関係がある交換については，4 章で説明する．

3.1　多重化の意義と基本概念

　家庭やオフィスで発生した情報（たとえば，電話での音声通話や電子メールなど）を遠隔地へ送信する場合，一つの通信に対して一つの伝送路を割り当てるのは効率が悪く不経済である．同一方面へ送信する複数の通信は，一つの伝送路にまとめた方が効率的であり，また経済的でもある．多くの通信をいったん一つに束ねて別の信号とし，伝送路を通して転送する技術を**多重化**（multiplexing）という．受信側で，束ねた複数の信号からもとの個別の情報に戻す技術を**逆多重化**（demultiplexing）という．多重化装置を**マルチプレクサ**（multiplexer），逆多重化装置を**デマルチプレクサ**（demultiplexer）という．

　多重化の目的は，限られた通信資源を共同利用することにより，使用効率を高めることである．その結果，個別の通信を個々に伝送するよりも，飛躍的な低コストで多くの情報を伝送できるようになる．

　多重化や逆多重化は，宅配便に置き換えると理解しやすい．家庭やオフィスで発生する配送要求に応じて，少ない荷物に宛先別にいちいちトラックを仕立てていては不経済である．多重化は，小型車で集荷した家庭などからの荷物を，まず方面別に整理して，同じ方面行きの大型トラックに乗せる集配センターでの作業に相当する．逆多

重化は，各方面から配送されてきた大型トラックの荷物を集配センターに集め，そこで下ろした荷物を小型車で家庭やオフィスに送り届けることに相当する．

多重化に際して，複数人の通信を区別して独立に送信するためには，伝送路を物理的にあるいは論理的に分割した**通信路**が必要となる（図3.1）．この通信路の最小単位を**チャネル**（channel）とよび，多重可能なチャネル数を**多重度**という．

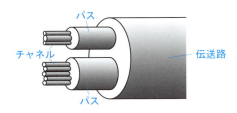

図3.1 チャネルとパスの概念

通信量が多くなると，同一方面に向かう**回線**（circuit：通信網における端末間を結ぶ通信路）も多くなり，同一方面の複数の回線を束ねて転送処理をする．この束を**パス**（path）とよぶ．パスは論理的なものであり，物理的実体を伴うわけではない．1本の伝送路の容量は，通常，パスの容量よりもはるかに大きいので，1本の伝送路の中に多くのパスが存在し得る．通信ネットワークでは，パス単位で伝送，交換，ルーティング（経路の選定や変更）などが行われる．パスの属性として，経路，容量，提供する通信品質などがある．

多重化は有線・無線通信の両方で使用される．多重化とほぼ同じ技術に，無線通信において複数の端末が一つの空きチャネルに接続できるようにする**多元接続**がある（10.3節参照）．

3.2 多重化方式の分類

多重化方式の分類を図3.2に示す．**周波数分割多重**はアナログ信号を多重化する技術であり，古くから用いられているが，ディジタル通信の比重が増している現在では，その重要性は低下している．これは波長分割多重などへと発展している．

時分割多重（TDM: time division multiplexing）とは，多くのチャネル信号を，時間軸上で分割して規則正しく配列することにより多重化する方法である．時分割多重はディジタル信号を多重化するのに適しており，ディジタル多重伝送路や回線交換などで使用されている．

時分割多重はさらに位置多重化とラベル多重化に分けられる．**位置多重化**は，多重

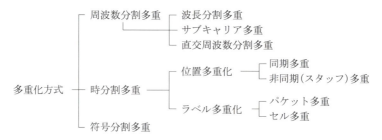

図 3.2 多重化方式の分類

化信号を一定の時間間隔で区切り，さらにその中での時間軸上の位置でチャネル信号を判別する方法であり，同期多重と非同期多重がある．位置多重化は，主たる情報が規則的で，かつ同一速度の情報で占められる場合に効率的な多重化方式であり，音声通信（固定電話網）において古くから用いられている．

ラベル多重化は，情報を所定のサイズのデータに分割した後，データごとにラベルを付与し，多重化されたこれらのデータをラベルで識別する方法であり，パケット多重とセル多重がある．ラベル多重化はバースト（burst）的（間欠的に大量の情報が短時間で発生すること）に発生する情報や，伝送速度が異なる多様な情報を効率的に転送するのに適しており，データ通信やインターネットで用いられるようになった．

符号分割多重（CDM: code division multiplexing）は，複数の信号を同一周波数領域で，異なる拡散符号を用いて変調し，符号間の直交性を利用して多重化を行う方法の総称である．

3.3 周波数分割多重方式

3.3.1 周波数分割多重

周波数分割多重（FDM: frequency division multiplexing）は，ベースバンド信号を変調することにより搬送波上の異なる周波数領域に載せ，伝送路がもつ周波数帯域を有効に利用する方法である．

信号波（周波数 f_s）で搬送波（中心周波数 f_c）を変調すると，周波数成分 $f_c \pm f_s$ が発生する（2.3 節・図 2.5 参照）．伝送システムの周波数帯域に余裕があり，片側の側波帯を使用する場合，図 3.3 のように複数の搬送波周波数を f_s 以上の間隔で設定すれば，多くの信号を同時に送受信することができる．

受信側では，バンドパスフィルタ（BPF）などを用いて，特定の側波帯の信号を取り出す．周波数の重なりを防止するには，各チャネルを一定値以上離しておく必要がある．そのために設けられる帯域を保護帯域（ガードバンド）という．保護帯域を広

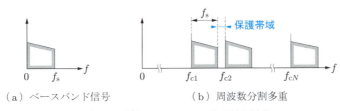

f_s：信号周波数，$f_{c1}, \cdots, f_{cN}$，：搬送波周波数

図 3.3　周波数分割多重方式

くすれば BPF の設計が容易になるが，多重度が低下する．

　FDM はおもにアナログ通信で用いられる．ただし，光ファイバ通信では，広い意味では FDM に属する，波長分割多重とサブキャリア多重が用いられている．また，無線では OFDM としてディジタル方式に応用されており，これらについて次に説明する．

3.3.2　波長分割多重

　波長分割多重（WDM: wavelength division multiplexing）は，周波数分割多重と同様の考え方で，信号を光の波長領域で多重化する方式であり，ディジタル通信で使われている．光ファイバ通信では，波長 1.55 μm 近傍で極低損失・高帯域となり（5.3 節参照），この波長領域で複数の波長を搬送波として使用することができる．

　送信側では，半導体レーザから発した複数の波長でのディジタル信号を，光合波器で光ファイバに入射させる（6.3 節参照）．受信側では，光ファイバから出射された複数の波長信号から，光分波器で個別の波長信号を取り出す．

3.3.3　サブキャリア多重

　サブキャリア多重（SCM: subcarrier multiplexing）は，光ファイバ無線（ROF: radio on/over fiber）ともよばれ，電気領域で周波数分割多重された信号を，より高い周波数帯にある光で伝送する通信システムである．この方式では，主搬送波である光で情報を伝送し，マイクロ波などの電気領域で扱う波動は，FDM をするための副搬送波として用いられているので，サブキャリア多重とよばれる．

　送信側では，ベースバンド信号を中心周波数の異なる複数のマイクロ波で多重化する．周波数多重された無線信号を用いて，半導体レーザで強度変調することにより電気光変換して光信号を得る．受信側では，この逆操作を行う．光ファイバ無線では，送信側と同じ無線周波数信号を遠隔地で再現できるという特徴がある．

　SCM は映像信号を多チャンネルで分配する CATV にも導入されている．SCM で

は，電気領域の搬送周波数により各信号を分離することができるので，アナログ・ディジタル信号を問わずに多重化できる．そのため，異種サービスの収容に適している．

3.3.4 直交周波数分割多重

FDMと類似の技術に，**直交周波数分割多重**（OFDM: orthogonal FDM）がある．これは，ディジタル信号を多数のサブキャリアを用いて伝送する方法であり，各サブキャリアの周波数スペクトルは図 3.4 のようにとられる．図からわかるように，各サブキャリアの中心周波数で，ほかのサブキャリアがゼロとなっている（これを，各サブキャリアが直交系をなすという）．そのため，FDM と異なり，サブキャリアを密に配置しても干渉を生じない．OFDM は周波数の有効利用やマルチパスフェージングの影響の軽減ができ，無線 LAN や地上ディジタル TV 放送に利用されている．

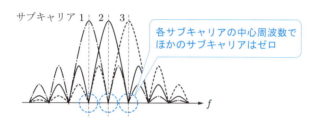

図 3.4 直交周波数分割多重での周波数スペクトル

3.4 位置多重化方式

位置多重化（positioned multiplexing）は，時間軸上の位置によってチャネルを判別する方式であり，時分割多重化の一つである．位置多重化は伝送速度が一定，すなわち網全体を同一の周波数で同期する同期多重と，各チャネルの伝送速度が一致していない場合に多重化する非同期多重に分けられる．様々な伝送速度をもつ信号を効率よく送信するには，転送する情報の容量に応じて，伝送速度を数回に分けて速くして多段階で多重化する．

3.4.1 同期多重

各チャネルの符号伝送速度が一致している場合，網内で共通の高精度の発振器から出される一定の周波数（クロック周波数）で同期をとることができる．こうして，多重化装置に規則的に入ってくるパルスを順番に並べることにより多重化する方法を**同期多重**（synchronous multiplexing）という．

3.4 位置多重化方式

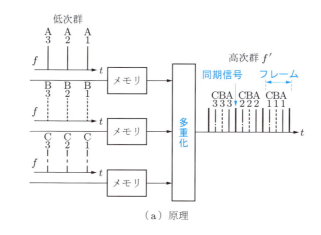

（a）原理

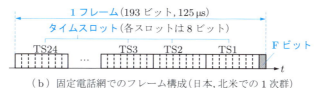

（b）固定電話網でのフレーム構成（日本，北米での1次群）

図 3.5 同期多重とフレーム構成

同期多重の原理を図 3.5 (a) に示す．クロック周波数 f が等しい低次群の情報は，いったんメモリに蓄積された後，より速いクロック周波数 f' で読み出されて，同じ時間軸上で時分割多重化される．時間軸上での情報単位を**フレーム**（frame）とよぶ．フレームの境目を示すために同期信号が付加される．

図 (b) に固定電話網でのフレーム構成を示す．フレームがパスの単位である．フレームは，先頭にある F ビット（1 ビットからなる）と，一度に送信可能なチャネル数（通話者数）の**タイムスロット**（time slot）からなる（図は日本と北米の例で 24 チャネル）．F ビットはフレーム同期信号（framing signal）であり，受信側でもとの信号に分離する際に，フレームの境界を識別するために使用される．このような同期方式を**フレーム同期**（frame synchronization）という．個別のチャネルはフレーム内の時間位置で識別されるので，この方式は位置多重とよばれる．

固定電話網での情報源である音声は，時分割されて時系列信号に変換され，ビットレートを刻む発振器はネットワーク内で共有される．特定の通話者の情報は，多重化装置で時系列順に各フレームに次々と分割される．一つのタイムスロットは 1 チャネル（1 通話者）の音声の標本値に対応し，8 ビットで量子化されている．したがって，24 チャネルの音声信号の場合，1 フレームは $8 \cdot 24 + 1 = 193$ ビットからなる．音声帯域 4 kHz の情報をカバーするため，信号は 125 μs で標本化されているから（2.4.

3 項参照），このシステムの伝送速度は $(8 \cdot 24 + 1)$ bit$/125\,\mu$s$=1.544$ Mbps となる．これは，1 チャネル（1 通話者）あたり 64 kbps の速度に対応する．

3.4.2 非同期多重（スタッフ多重）

クロック周波数がわずかに異なる信号を多重化する方法を**非同期多重**（plesiochronous multiplexing）という．この場合，単位時間に入るパルス数が不一致となり，このままでは多重化できない．そこで，図 3.6 に示すように多重化前に余分のパルス（**スタッフパルス**：stuff pulse）を付加したりパルスを引き抜いたりして，パルス数を一致させる．これをスタッフ同期といい，これにより多重化する方法を**スタッフ多重**とよぶ[†]．

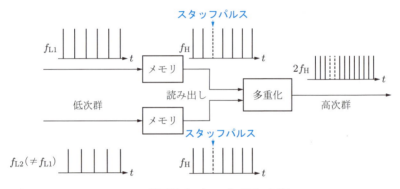

図 3.6　非同期（スタッフ）多重の原理

非同期多重は，多重化の効率を上げるために，複数の小さい束（低次群）を束ねてより大きい束（高次群）に変換して転送する場合に利用される．非同期多重では，異なるクロック周波数 f_{L1} と $f_{L2}(\neq f_{L1})$ の低次群のパルス列をいったんメモリに蓄積する．その後，低次群より少し高い共通の周波数 $f_H = f_{L1} + \Delta f_{L1} = f_{L2} + \Delta f_{L2}$ で，パルス列をメモリから読み出し，高次群のパルス列を作る．この際，低次群と読み出しクロックでのパルスのずれが 1 ビットになったときに，スタッフパルスを挿入する．そのため，多重化段階で伝送遅延が生じる．

> **例題 3.1**　伝送速度 119.05 kbps と 121.95 kbps の低次群パルス列を 125 kbps で読み出して多重化する場合，それぞれに対してスタッフパルスを何ビットごとに挿入すればよいか求めよ．

[†] plesio は「近い」を，stuff は「価値のないもの」を意味する．歴史的な経緯から，"plesiochronous –" の訳語として同期の対語である非同期多重が使われており，非同期（asynchronous）は後出の ATM に使用されている．

> **解答** 125 kbps のパルス間隔は (1/125)·1000＝8.0 μs である．低次群のパルス間隔は，119.05 kbps では (1/119.05)·1000＝8.4 μs, 121.95 kbps では (1/121.95)·1000＝8.2 μs となる．1 ビット差になるのは，前者では 8.0/(8.4−8.0)＝20 パルス後，後者では 8.0/(8.2−8.0)＝40 パルス後である．よって 119.05 kbps 側では 20 ビットごとに，121.95 kbps 側では 40 ビットごとにスタッフパルスを一つ挿入すればよい．

3.5 ラベル多重化方式

同期多重などの位置多重化は，データ通信のようにバースト的に発生する情報や，音声や画像など，通信に求められる性質の異なる情報が混在する場合には，ネットワークの使用効率が低下して不経済となる．このような場合に対応できるように工夫されたのが，次に説明するラベル多重化である．

ラベル多重化（label multiplexing）とは，送信側で情報を小分けして適切なサイズに分割した後，分割した情報の頭に宛先情報を記載したラベルを付与して多重化し，ラベルで転送先を識別して情報を送り届ける方法で，時分割多重化の一つである．小分けされた「ディジタルデータの塊」を総称して，「小包」を意味する**パケット**（packet）とよぶ．広義のパケットはこの「データの塊」を意味し，その呼び名やデータ最大長は階層によって異なることに注意を要する（7.3 節・図 7.2 参照）．狭義のパケットは OSI 参照モデルの第 3 層，つまりネットワーク層での情報の基本単位を指し，通常 IP パケットとよばれる（7.3 節参照）．

受信側では，到着したパケットを番号順に再構成して，文書や画像情報を再現する．また，届かないパケットがあれば，その旨を送信側に伝え，再送を要求する．

ラベル多重化には，可変長のデータを扱うパケット多重と，固定長のデータを扱うセル多重がある．

3.5.1 パケット多重

パケット多重とは，情報を広義のパケットとして可変長のデータ単位に分割し，これをメモリに蓄積した後に，パケット単位で多重化する方式である．パケット多重は日本では 1980 年頃に使用され始め，その後使用形態が変化しつつも，現在はむしろ増加傾向にある．

パケット多重の原理を図 3.7 に示す．情報 A が転送可能な最大データ長を超えている場合，まずパケットに分割され（詳しくは 7.3 節参照），順序番号が付けられる（A1，A2）．先頭のヘッダには宛先・送信元アドレス情報と制御情報が付与される．ペイロードには送信者の分割されたデータが入る．末尾のトレーラにあるフレーム

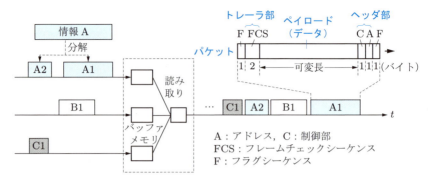

図3.7　パケット多重の原理

チェックシーケンス（FCS: frame check sequence）は，誤り検出に利用される冗長ビットで，通信の信頼性を高めるため，データリンク層で付与されるものである．分割されたパケットは，バッファメモリに蓄積された後，異なる端末から出た情報が多重化され，宛先情報に基づいて転送される．宛先では，ヘッダとトレーラが除去され，ペイロードの情報が届けられる．

ヘッダとトレーラは，送信したい情報自体は含まれていない，転送に使用される部分であり，まとめて**オーバヘッド**（over head）とよばれることがある．パケットの前後には，境目を表す8ビット「01111110」の**フラグシーケンス**（flag sequence）が付く．このフラグは同期をとるため，送信するデータがなくてもつねに送られ，この同期方式を**フラグ同期**とよぶ．

図3.7右上のパケット構成は，データリンク層で転送される情報単位であるフレームの典型であり，ハイレベルデータリンク制御（HDLC: high-level data link control）プロトコルで転送される．HDLCプロトコルはデータリンク層における伝送制御手順を規定する，ISOで標準化されたプロトコルであり，ほとんどのパケット通信に利用されている．これは情報を任意の長さのフレームに分解し，フレーム内の制御情報に順序番号を付け，順序番号で送達確認を行って情報を転送する．HDLCプロトコルは，1文字8ビット以内の各ビットを独立に使用できるため，情報の符号列に対する制約がなく送信できる，また厳密な誤り制御ができるという特徴をもつ．

パケットサイズは，データ量に依存して可変となっている．そのため，パケット長が短い場合には，オーバヘッドの占める割合が増加するので，伝送効率が低下する．また，パケットでの宛先情報をソフトウェアで解読しているので，伝送遅延時間が大きくなるという欠点がある．

1990年代後半になると，音声データよりもインターネットで転送されるIPパケットなど，求められる通信品質が異なる様々な情報に対応する必要性が増してきた．そ

れに伴い，パケット多重では通信品質の区分をして実時間への対応をするなど，時代の要請に応える変更を加えている．また，処理速度の向上なども含む半導体技術全般の進展による機器の高性能化・低価格化や，光ファイバ通信網の整備で，伝送遅延などの欠点が改善された．そのため，パケット多重は，上記欠点が必ずしも致命的ではなく，最近ではむしろIPパケット技術により通信網の統合化を目指す方向にある．

3.5.2 セル多重

上記パケット多重の欠点を解消するため，転送先の判別をハード的に処理できるように，情報を固定長のセルに分割し，これで転送するATM（asynchronous transfer mode：非同期転送モード）方式ができた．これは，1990年にCCITT（現ITU-T）により国際標準として勧告され，日本では1990年代半ばに始められた．

セル多重では，情報が固定長のセルに分割される（図3.8）．**セル**（cell）は固定長53バイトであり，経路情報を含むヘッダが5バイト，データを格納するペイロードが48バイトである．パケットの場合のように，ヘッダに受信者の宛先を直接指定するアドレスを入れると，多くのビットを必要とする．所要ビット数の節約のため，ATMでは次のように工夫されている．

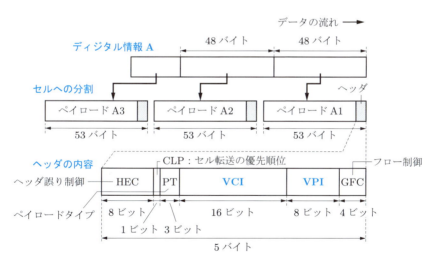

図3.8　情報のセルへの分割とセルヘッダ

転送先のポートを識別するために，**仮想パス**（VP: virtual path）と**仮想チャネル**（VC: virtual channel）を定義し，それらに識別番号を付けて，**仮想パス識別子**（VPI: virtual path identifier）と**仮想チャネル識別子**（VCI: virtual channel identifier）を導入している．VPとVCは物理的な伝送路内に設定された論理的な通信路であり，伝送

路内に複数の仮想回線があることに相当する．VPI と VCI を用いることにより，セルヘッダ内の識別子を 3 バイトまで減少させている．

VP と VC が使えるようになったのは，ATM が開始された 1994 年頃には，伝送路として光ファイバが普及していたことが大きい．高品質な光ファイバの利用により，銅線よりも伝送誤りが極度に少なくなったため，中継途中での誤り検出・訂正機能を省け，また高性能化した送受信端末間での誤り訂正で済ませられるようになった．そのおかげで送受信端末間を直接結び付けることができ，企業用専用線などの各種サービスを VP や VC で区別して送れるようになった．

ATM では，パケットと同様に，もとのメディアを意識することなく，多様な情報を扱える．セル多重では，転送するセルの数で転送速度を調整することができる．すなわち，低速（高速）であれば，単位時間に送出するセルの数を少なく（多く）すればよい．情報がないときは空きセルを送る．ただし，情報をセルに分割することによる欠点もある．セルは大きさが一定なので，大きな情報の場合，セルの分割・組み立てに時間を要するだけでなく，すべてのセルが到達するまで待たねばならず，遅延時間が大きくなる．また，一つの情報を形成するセル群のうち，たとえ一つのセルが失われただけでも，情報全体を再送する必要がある．

ラベル多重化ではシステム全体が同期されている必要がなく，また伝送速度の異なる情報でも送信でき，これが ATM の語源である．ATM はバースト的に発生する情報も効率よく伝送できる．また，分割された情報に転送優先度が記載でき，優先度を高く設定した分割情報を利用して，電話などの即時の用途にも使うことができる．実際，セル長はセル多重を固定電話に適用する場合を想定して，伝送遅延時間を短くすることと伝送効率とのトレードオフから決められた．

ATM が始められた当初，これは音声や画像などの多様な情報を効率よく多重化し転送する方法として期待されていた．しかし，通信ネットワークで送受される情報が，インターネットで使用される IP パケットで多くを占められ，高速ルータで転送されるようになると，情報を細かく分割した ATM の非効率さが目立ってきた．

いままでに説明した時分割多重方式の概略をまとめた結果を，表 3.1 に掲載する．次章で説明する交換方式も関係するので，交換方式の概略も同じ表に示す．

例題 3.2　次に示す大きさの情報をセルで分割して送信する場合，送られるヘッダも含めた情報の総バイト数，およびヘッダが占める割合を求めよ．
（1）1000 バイト　　　（2）100 バイト
解答　セルのペイロードは 48 バイトである．
（1）1000/48＝20.8 より所要セル数は 21 である．ヘッダが 5 バイトだから，総バイト数が (48＋5)·21＝1113 バイトで，ヘッダが占める割合は 100·(5·21)/1000＝10.5% となる．

(2) $100/48 = 2.08$ より所要セル数は 3 である．総バイト数が $(48+5)\cdot 3 = 159$ バイトで，ヘッダが占める割合は $100\cdot(5\cdot3)/100 = 15\%$ となる．このように，データ量が小さいほどヘッダの占める割合が大きくなることがわかる．

表 3.1　各種時分割多重化・交換方式の比較

	位置多重化		ラベル多重化	
	同期多重	非同期多重	パケット多重	セル多重
方式概要	送受信側を一定のクロック周波数で同期	スタッフパルスを挿入しクロック周波数一致	可変長の情報単位に分割	固定長の情報単位に分割
情報単位	フレーム（タイムスロットで区別）	フレーム（タイムスロットで区別）	パケット（可変長,アドレス付加）	セル（固定長,アドレス付加）
交換	回線交換		蓄積交換	
			パケット交換	ATM交換
伝送路の使用効率	△	△	◎	◎
実時間通信	◎	◎	△	○
同報通信	×	×	◎	◎
間欠性情報	△	△	◎	○
伝送遅延	◎	○	△	○
特徴	・ほぼ規則的に発生するデータの転送に適す ・回線速度は64kbpsが基本	・速度の異なる機器間での通信可能 ・回線速度は64kbpsが基本	・信頼性の高いデータ転送（誤り検出・訂正が可能） ・速度の異なる機器間での通信可能	・ハードウェア制御可能 ・伝送遅延や遅延変動量の保証が可能 ・多種のメディアの同時転送可能
欠点	・データがないときもタイムスロット専有	・データがないときもタイムスロット専有	・輻輳時にはパケットが破棄されることがある ・ソフトウェアへの負担大	・長い情報の分割・組み立てが多く非効率的 ・一部のセルが欠けただけでも情報全体を再送

3.6　非同期ディジタルハイアラーキ（PDH）

アナログ通信網からディジタル通信網への移行期では，各国で非同期多重方式の非同期ディジタルハイアラーキ（PDH: plesiochronous digital hierarchy）が用いられ，日本では 1981 年にディジタル同期網が導入された．ディジタルハイアラーキとは，

多重化する際の速度系列のことである．この当時のおもな通信サービスは固定電話であり，基幹回線の伝送路は同軸ケーブルが中心で光ファイバに置き換わりつつあった．1980年代のPDHでは，当初はグレーデッド形光ファイバ（5.3節参照）が用いられたが，単一モード光ファイバの接続技術が確立されてからは，これが用いられるようになった．

　PDHは，3.4.2項で述べた非同期（スタッフ）多重方式の一種である．これは，クロック周波数がわずかに異なる低次群の入力パルス列を，それより少し高いクロック周波数で同期させるため，位相ずれ調整用のスタッフパルスを挿入し，多重化して高次群を作る方法である．多重化速度の低い方から順に，1次群，2次群，…などとよぶ．

　日本のPDH 1次群では，フレームに電話信号24チャネルが収容されている（図3.5 (b) 参照）．フレーム内の各タイムスロットは1バイトで，フレーム同期信号として1ビットが使用されているから，1フレームは193ビットからなる．1フレームの周期は125 μsだから，1次群の符号伝送速度は1.544 Mbps（＝193 bit/125 μs）となる．

　各国のPDHを図3.9に示す．基本の64 kbpsは固定電話網の時分割多重化における1通話者ぶんの呼に相当し，1.5 Mbpsは厳密には1.544 Mbpsである．図中の×n（整数）は多重化数を表し，各国の事情に合わせて決められている．PDHの開始後，

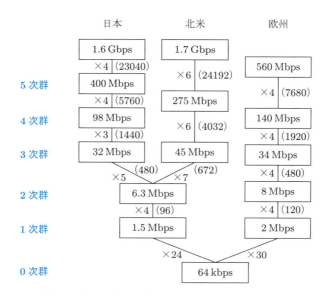

図3.9　各国の非同期ディジタルハイアラーキ（PDH）
　　　四角形内の各値は概略伝送速度．（　）内は電話換算のチャネル数．×n（整数）は多重化数．64 kbpsは固定電話網における1通話者ぶんの呼の速度．

ディジタル交換機が導入されてからは，2次群までは同期多重が用いられたが，より高次群ではスタッフ多重が用いられたままであった．スタッフ多重では，最大1フレームぶんの125 µs の伝送遅延を生じる．

PDH では国際的な標準化がされていなかったので，日本，北米，欧州などが独自の多重化フレーム構成を採用していた（図3.9 参照）．このような伝送速度の国による違いは，国際通信での相互接続で問題があるため，ディジタルハイアラーキの国際的統一が望まれるようになった．そこで，各地域の PDH を包含する形で，1988 年に SDH（6.2 節参照）が制定された．

演習問題

3.1 通信ネットワークにおける多重化の意義を説明せよ．

3.2 時分割多重化に関する次の文章の（ ）内に適切な用語を入れよ．

時分割多重化を分類すると，（ ① ）多重化と（ ② ）多重化がある．（ ① ）多重化は，フレーム内の時間軸上でチャネル信号を判別する方法であり，これはさらに（ ③ ）多重と（ ④ ）多重に分けられる．（ ③ ）多重と（ ④ ）多重の違いは，低次群を高次群に多重化するときのクロック周波数であり，前者は低次群のクロック周波数が等しく，後者は異なっているので，クロック周波数を一致させるために（ ⑤ ）パルスを挿入する．

（ ② ）多重化は，情報を所定のサイズのデータに分割した後，データごとに（ ② ）を付与して識別する方法であり，データが短い時間に大量発生する（ ⑥ ）的情報を転送するのに適している．（ ② ）多重化はさらに，分割データ長が異なる（ ⑦ ）多重と，長さが等しい（ ⑧ ）多重に分けられる．転送先の判別を，（ ⑦ ）多重では（ ⑨ ）で，（ ⑧ ）多重では（ ⑩ ）で行っているため，伝送遅延時間は（ ⑧ ）多重の方が短い．

3.3 時分割の同期多重における符号伝送速度が 1.544 Mbps となっている理由を説明せよ．

3.4 ラベル多重化方式について説明せよ．

3.5 セル多重における仮想パス識別子と仮想チャネル識別子について説明せよ．

3.6 次の用語について説明せよ．

（1）フレーム （2）タイムスロット （3）スタッフパルス

4章 交換技術

通信ネットワークにおいて，全端末から同時に情報が発生し送信されることは，通常ない．そこで，通信設備や伝送路などの資源を共有し，使用するたびに通信路を切り替えると，伝送路の使用効率を高められる．これを行うための通信路の切り替え操作を交換という．交換は，通信ネットワークを経済的に効率よく運用するうえで重要な概念である．

4.1 節では，交換の必要性とパスの概念を説明する．4.2 節では，交換方式の分類を述べる．その後，具体的な交換方式として，4.3 節では通信中に通信路を専有する回線交換，4.4 節ではインターネットを中心として幅広く使用されているパケット交換，4.5 節ではフレームリレー，4.6 節では固定長のセルの形で交換する ATM 交換について，それぞれの構成や特徴を説明する．そして，各交換方式の比較を行い，用途との関係や利点・欠点を明らかにする．

4.1 交換の概要

日本で最初の公衆用電話サービスは，1889 年の東京 – 熱海間の公開実験を経て，1890 年に東京 – 横浜間で始まった．そのときの交換は手動式であり，交換手は良家の子女が従事するという花形の職業であったといわれている．その後，交換機が自動化され，ステップバイステップ交換機（ダイアルを回すごとに順次つないでいく方法），クロスバ交換機へと進んだが，これらはともにアナログ信号によるものであった．1982 年にはディジタル中継交換機の運用が始まり，現在に至っている．

4.1.1 交換の意義

端末（利用者）数を N として，全員がつねに通信できるようにネットワークをメッシュ型にすると，$_NC_2 = N(N-1)/2$ 本のリンクが必要となる（図 4.1 (a)）．この方法では，端末数 N が大きくなると，必要なリンク数がほぼ N^2 に比例して飛躍的に増加する．現実には，必ずしも全員が同時に通信をしないので，この方法では無駄な投資が多く，不経済となる．

同一の時間に通信する利用者は，N 端末のうちの何人かだけであるという前提に立てば，一部の伝送路や設備が共用できる．たとえば，図 (b) のようにスター型とし，適切な端末数ごとにスイッチを設置し，通信の要求に応じて伝送路と端末の間で接続

4.1 交換の概要

 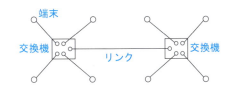

（a）メッシュ型　　　　（b）スター型をスイッチで接続（遠隔地での接続）

図 4.1　交換の原理

端末数が $N=8$ のとき，リンク数が (a) では 28，(b) では 9 となる．

を切り替えればよい．このような操作を**交換**（switching）という．交換を行うと，リンクの大幅削減や資源の有効利用ができ，経済的となる．しかし，地震などの災害時の安否確認やその他の理由で需要が突発的に増加したときには，通信が一時的に途絶える恐れがある．

交換は大規模な通信ネットワークを経済的に構築するうえで重要な機能である．交換を行う装置を交換機という．公衆用電話網では電話交換機，インターネットではルータやゲートウェイなどのパケット交換機が用いられている．

> **交換機のおもな機能**
> （i）通信したい者どうしを接続するため，通信路を切り替える．
> （ii）ネットワークでのトラフィックの状況に応じて，接続ルートの選択，障害監視などの管理業務を行う．
> （iii）利用サービスに応じた課金を行う．

例題 4.1　端末数が $N=12$，20 のとき，次の各場合に必要なリンク数 N_{lnk} を求めよ．
（1）全端末をメッシュ型で接続する．
（2）全端末を図 4.1 (b) のように，2 等分してグループ分けし，それぞれに交換機を設置して接続する．
（3）全端末を 4 等分してグループ分けをし，それぞれに交換機を設置して各グループをメッシュ型で接続する．

解答　$N=12$ のとき，(1) $N_{lnk} = {}_{12}C_2 = 12 \cdot 11/2 = 66$，(2) $N_{lnk} = 6 \cdot 2 + 1 = 13$，(3) $N_{lnk} = 3 \cdot 4 + {}_4C_2 = 12 + 6 = 18$ となる．$N=20$ のとき，(1) $N_{lnk} = {}_{20}C_2 = 20 \cdot 19/2 = 190$，(2) $N_{lnk} = 10 \cdot 2 + 1 = 21$，(3) $N_{lnk} = 5 \cdot 4 + {}_4C_2 = 20 + 6 = 26$ となる．端末数の増加に対して，(1) に比べて (3) でのリンク数の増加割合が緩やかである．

4.1.2 パスとパスの切り替え

個別の通信ごとに交換を行っていたのでは不経済なので，同一方面に向かう複数のチャネルの束である**パス**を単位として，交換，転送，ルーティングなどを行う方が効率的である（3.1節参照）．これにより，伝送コストが低減でき，経済的なネットワークが構築できる（図 4.2）．

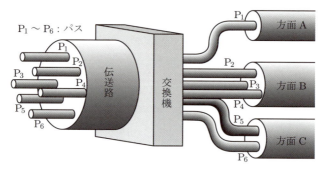

（a）交換機によるパス切り替えの概略

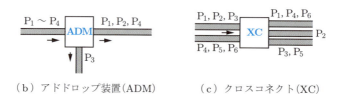

（b）アドドロップ装置(ADM)　　　（c）クロスコネクト(XC)

図 4.2　パスと分岐・挿入装置

ノードは，情報を正確に宛先に転送するため，ルーティング，分岐や挿入などの信号処理をパス単位で行う機能をもつ．各ノードで方路をパス単位で切り替えるのに使用される分岐・挿入装置として，アドドロップ装置とクロスコネクトがある．

アドドロップ装置（ADM: add-drop multiplexer）は，特定のパスだけを付加したり切り離したりして各方面に振り分ける装置である（図 (b) 参照）．**クロスコネクト**（cross-connect）は XC とも略記され，多重化されたディジタル信号において，特定のパスの分岐・挿入をしたり，一度で多数の異なる方面の宛先別に接続替えをしたりする回線編集機能をもつ装置である（図 (c) 参照）．XC を用いることにより，一つひとつの情報（呼）を交換するよりもシステム全体が簡素化されるので，これは PDH，SDH（6.2節参照）や WDM で使用されている．

4.2 交換方式の分類

交換方式とは，通信ネットワーク上で情報をやりとりするために，通信路を切り替えて設定する方法のことである．公衆用電話網は1対1の双方向通信で，実時間処理が要求される．一方，インターネットは1対多の通信であり，多少の遅延が許容される．そのため，それぞれの通信特性に応じた交換方式が利用されている．

交換方式は，回線交換方式と蓄積交換方式に大別される（図 4.3）．**回線交換**（circuit switching）方式は，通信が送受信端末間で終了するまで，交換機を接続したまま通信路を専有する方式である．

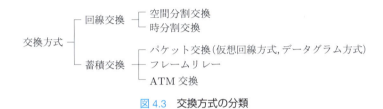

図 4.3　交換方式の分類

回線交換方式は，さらに空間分割交換と時分割交換に分けられる．空間分割交換は旧来の方式で，クロスバ交換機（入回線と出回線を格子状に配置し，交点のスイッチを切り替えて通信路を設定する方法）がある．時分割交換はディジタル化に伴って使用されている方式で，その代表的ネットワークは通信事業者の現在のディジタル電話網である．

蓄積交換（store-and-forward switching）方式は，送信端末から出た情報を，いったん交換機のメモリに蓄積し，トラフィックの状況に応じて適宜，受信側に転送する方式である．これは，一般には送受信端末間で通信路を専有しないもので，データ通信に適している．

蓄積交換方式の特徴

(i) 情報をいったん蓄積するので，速度の異なる通信機器間での転送ができる．
(ii) 伝送路がほかの通信で専有されているときでも待機でき，高い転送効率を実現できる．
(iii) 間欠的に発生するデータの送信に適する．
(iv) 通信データの変換や処理が容易となる．

蓄積交換方式は，さらにパケット交換（仮想回線方式とデータグラム方式），パケッ

ト交換を高速化したフレームリレー，各種サービスに対して同時に対応することを目指した ATM 交換（セルリレー）に分類される．パケット交換は通信事業者の IP 電話網やインターネットのデータ網などで使用されている．

4.3 回線交換

回線交換はコネクション型通信であり，通信開始に先立って送受信端末間で**シグナリング**（信号のやりとり）を行って 1 本の通信回線を確保し，通信終了時までその回線を物理的に保持・専有し，通信終了後にシグナリングで回線を解放する．時分割の回線交換では，網全体を同期して一定の速度でデータを転送するので，**同期転送モード**（STM: synchronous transfer mode）とよばれる．

回線交換では，時分割多重された時間軸上の情報を，パス単位の**フレーム**で転送する（図 4.4）．フレームは，フレームの先頭にある F ビット（1 ビットからなる）と，一度に送信可能な通話者数ぶんの**タイムスロット**から構成されている（図の例では 24 個）．F ビットはフレームの境界を示すフレーム同期信号である．各チャネルはフレーム内のタイムスロットの時間位置で識別されるので，この方法は**位置多重化**とよばれる．

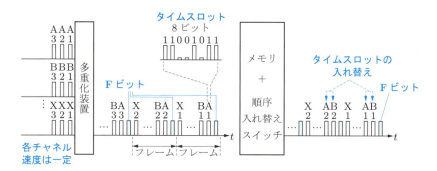

図 4.4　回線交換方式の基本構成
F ビットはフレーム同期信号で 1 ビットからなる．1 フレームのチャネル数は，日本・北米では 24，欧州では 30．

回線交換における情報源を固定電話の音声とする．特定の通話者の情報は，時分割されて時系列信号に変換され，多重化装置で時系列順に各フレームに次々と分割される．1 タイムスロットは各通話者の音声の強度信号に対応し，8 ビットで量子化されている（3.4.1 項参照）．回線交換方式では，情報がフレーム内の何番目のタイムスロットにあるかにより区別し，メモリから読み出す際に，時間軸上でタイムスロットごと

の順序を変えることにより交換を行う.

回線交換では，フレーム内の特定のタイムスロットを専有し，フレームが周期的に繰り返される．パスの場合，いったん専有されたタイムスロットは，情報の有無によらず，回線が解放されるまで専有され続ける．そのため，一度パスの設定を行うと，ほかのユーザはそのタイムスロットを使用することができない.

回線交換の特徴

(i) 伝送遅延時間が短く，通信品質が安定しているために，実時間でのデータ転送に向いている.

(ii) 送受信側を含めて全体が一つのクロックに同期している．これが同期転送モードの語源である.

(iii) 発生する情報の時間的変動が少ないネットワークに適し，データ通信のようにバースト的（間欠的）に発生する情報に対しては，回線の使用効率が悪くなる.

(iv) 同時に複数の相手と通信できない.

4.4　パケット交換

回線交換では，コンピュータから発生するデータのように，バースト性の強い情報を転送する場合，回線の使用効率が悪くなる．この無駄をなくし，通信回線の使用効率を上げることができるのがパケット交換である．**パケット交換**（packet switching）とは，随時，必要な量のデータを広義のパケット単位で交換・転送する方式である.

パケット交換の起源は，1969 年の ARPANET（米国）に求めることができる．1976 年には，コンピュータをパケット交換網へ接続するインターフェースである，国際標準プロトコル X.25 が CCITT（現 ITU-T）により勧告・制定された.

パケット交換が普及し出したのは，データ通信やインターネットが盛んになった1990 年代以降である．近年では音声や画像の通信にも使用され，また固定端末の通信網だけでなく移動体の通信網においても，様々な情報がパケットで転送される傾向が強まっている．パケット交換を経済的に実現するという立場からは，TCP/IP（7.2節参照）を用い，ルータで転送する方式は，構成が簡単となるので優れている.

4.4.1　パケット交換の基本構成

パケット交換の基本構成を図 4.5 に示す．情報は送信時にパケットに分割され，た

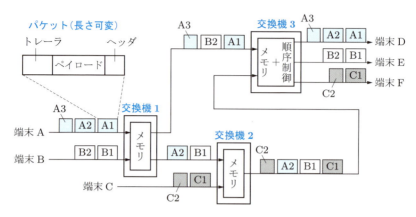

図 4.5 パケット交換方式の構成

各交換機に入ったパケットは蓄積・多重化された後，空いた伝送路を経由して次の交換機に転送され，最終的に順序をそろえて受信端末に届けられる．

とえば端末 A からの情報はパケット A1～A3 となり，途中で蓄積・交換された後，受信時にもとの形に組み立てられる．この組み立て・分割を PAD（packet assembly and disassembly）という．送信されるパケットは（3.5.1 項参照），ヘッダ，ペイロード，トレーラの三つの部分からなり，一般にそのサイズはデータ量に依存して可変である．

パケット交換は蓄積交換方式であり，バッファメモリとプロセッサから構成されている．複数の回線から入ってきた，長さが異なるパケットは，パケット多重化装置でいったんバッファメモリに蓄積される．したがって，送信側と受信側で伝送速度が異なっていても通信できる．

ところで，初期のパケット交換では伝送路に銅線が使用されていた．銅線の品質がシステムで使用されている電子部品に比べて劣っていたため，システムの誤り率が伝送路の品質で決まるという状況だった．そこで，信頼性確保のため，X.25 プロトコルを用いて隣接ノード間で誤り制御を何度も繰り返すことが不可欠であり，伝送遅延が増加するという欠点があった．

時間軸上で多重化されたパケットは，一つの回線に束ねられる．パケットを交換機のメモリにいったん蓄積し，多重化された各パケットヘッダの宛先情報を読み取り，受信者まで転送される．パケットの転送方式を次に説明する．

4.4.2 パケットの転送方式

広義のパケットは付与された宛先情報に従って転送されるが，その転送方式には 2 種類がある．第 1 の仮想回線方式はコネクション型通信であり，分割された各パケッ

トは同一経路で転送される．第 2 のデータグラム方式はコネクションレス型通信で，各パケットが経路を固定せずに独立して転送される．仮想回線方式は通信事業者のATM 交換で，データグラム方式はインターネットや LAN で使用されている．

(1) 仮想回線方式

仮想回線（virtual circuit または virtual channel）方式は，回線交換と同じように，通信開始前に制御用のパケットを送信して，送受信端末間でコネクション（呼）を確立しておき，通信経路を確保する方式である．この方式では，コネクションが確立されている間は，パケットはヘッダに記載された仮想回線識別子に従って同一経路で転送され，受信側に送信順序どおりに到着する（図 4.6 (a)）．

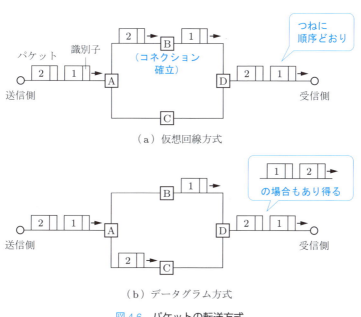

図 4.6　パケットの転送方式

仮想回線方式ではパケットの到着・順序付けが確実であり，通信品質が保証される．また，回線交換のように，特定の端末間で回線が物理的に専有されることがないので，データ通信のようなバースト的情報があったとしても，回線の使用効率が低下しないという利点をもつ．

伝送路に銅線をおもに使用していた頃には，X.25 プロトコルが仮想回線方式を採用して，信頼性の高いデータ通信を実現していた．X.25 プロトコルは OSI 参照モデルの下位 3 層を規定しており，呼の確立・解放，再送制御，フロー制御，フレーム送

受信時の順序番号の付与やチェック，誤り検出と通知などの機能をもっている.

(2) データグラム方式

データグラム（datagram）方式では，転送経路が固定されていない．送信側からの分割された各パケットは，経路表（入力ノードと出力ノード間の経路設定を書いた表）に基づき，最適経路を通って受信側に転送される（図 4.6 (b) 参照）．このような経路選択をルーティングという（7.5 節参照）．経路を固定しない転送は通信開始にかかる処理の負担を軽くしている.

データグラム方式は伝送路の使用効率が高いが，各パケットは一般にはそれぞれ異なる経路を経由して受信者に届くことになる．パケットの到着順は情報の順序どおりとは限らず，一部のパケットは輻輳などにより届かないことがあり得る[†]．そのため，受信側ではパケットの並べ替えや不達パケットの再送要求が不可欠となる．これは情報が届かないことがあるため，ベストエフォート型通信とよばれる.

> ### パケット交換の特徴
>
> (i) 必要なときに必要な量のパケットを送出できるので，発生する情報の時間的変動が大きい，たとえばバースト的に情報が発生するネットワークでの伝送路の使用効率が高くなり，経済性が向上する.
>
> (ii) 伝送路を多くのユーザで共有するため，伝送路の使用効率が高くなり，送信データ量に比例した課金が可能となる.
>
> (iii) 蓄積方式で入線時の伝送速度と出線時の伝送速度を変えることができるため，速度の異なる機器間の通信が可能となる.
>
> (iv) パケットごとに誤り検出・訂正を行うことで，通信データの信頼性を高められる.
>
> (v) パケットごとに宛先を変えられるので，同時に複数の相手に送信が可能である．この機能は電子メールの同報通信に使用されている.
>
> (vi) 自身のパケット長に比例した伝送遅延や，ほかのパケットに依存した待ち時間による遅延が生じるため，会話など実時間通信への応用では特別の工夫が必要となる.
>
> (vii) 宛先情報の読み取りや誤り制御，サイズの異なるパケットの転送などをソフトウェアで処理しているので，伝送遅延時間が大きい.
>
> (viii) パケットの宛先を示すヘッダ部が不可欠なので，データ長が短いときには伝送効率が低下する.

[†] このような，送信の信頼性が確保されないパケットのことを，とくにデータグラムとよぶ.

4.5 フレームリレー

初期のパケット交換では，伝送路である銅線の品質があまりよくないので，既述のように，隣接ノード間で誤り制御を繰り返して情報を転送していた．伝送路が光ファイバに置き換わると，伝送路の品質向上に伴い誤りが少なくなった．そこで，光ファイバの使用を前提に X.25 プロトコルでの複雑な機能を簡素化し，高速化したパケット交換が**フレームリレー**（frame relay）である．これは，法人向けの高速通信サービスとして 1994 年に開始されたもので，データリンク層でのデータ転送を行い，LAN 間（伝送速度：数 10 Mbps 程度）の通信に使われていた．

フレームリレーでも，情報を可変長のデータ単位に分割し，これを**フレーム**とよび，仮想回線方式で転送する（図 4.7）．ヘッダ内のアドレス部には，回線識別用の**データリンクコネクション識別子**（DLCI: data link connection identifier）が付与される．DLC 識別子（DLCI）は，物理回線上に設定される論理的な通信路（チャネル）を識別するためのもので，1 本の伝送路で複数端末との通信が可能となる．このような通信を論理多重通信という．FCS によりフレーム内のビット誤りを検出する．前後には，境目を表すビット列「01111110」のフラグシーケンスが付く．

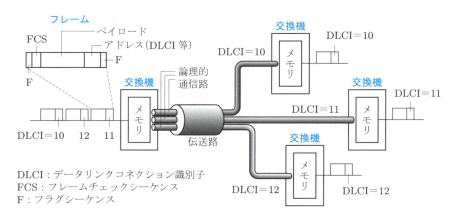

DLCI：データリンクコネクション識別子
FCS：フレームチェックシーケンス
F：フラグシーケンス

図 4.7　フレームリレーの構成概略

フレームリレーでは，DLC 識別子を経路表で参照して，フレームがデータリンク層で転送される．このとき，光ファイバの利用により伝送誤りが極度に減ったこと，および送受信端末が高性能となったことが相まって，誤りが検出された場合には，送受信端末間でのみ再送制御を行っても，誤りなくデータ転送の高速化が図れるようになった．また，X.25 パケット交換と異なり，フレームの順序制御，輻輳制御などを省略しているので，送信順序番号は不要である．

フレームリレーでは，企業などのユーザが専用線として通信事業者と論理的な通信路ごとに使用契約を結び，契約時に**認定情報速度**（CIR: committed information rate）が設定される．これは正常状態で保証される情報伝送速度であり，複数のユーザが使用している場合でも最低限 CIR の速度が保証され，CIR を超えて送出したフレームは破棄される場合がある．専用線としての利用法は IP-VPN（9.3.1 項参照）などに移行し，フレームリレーは国内では利用されていない．

フレームリレーの特徴

(i) DLC 識別子の利用により，1 本の伝送路で複数端末との通信ができる．また，通信相手の増加に対して，論理チャネルの追加で対応できる．

(ii) パケット交換なので，バースト性トラフィックにも対応できる．

(iii) これは OSI 参照モデルの第 1・2 層だけを規定している．そのため，これより上位層は利用者が使いたい任意のプロトコル，たとえば TCP/IP を使うことができる．

(iv) ユーザが通信事業者と契約すると，情報伝送速度が CIR で保証される．

4.6 ATM 交換（セルリレー）

可変長のデータの転送処理をソフトウェアで行うパケット交換では，ソフトウェアに負担がかかり，遅延時間が大きくなるという問題点があった．これを改善するため，情報をセルとよぶ短い固定長に分割し，セル単位でハード的に転送する方式を **ATM 交換**，サービス名を**セルリレー**（cell relay）とよび，日本では 1994 年に開始された．これは高速スイッチを用いた宛先と転送のハードウェア処理により，数 100 Mbps 以上の高速交換（150 Mbps，600 Mbps）ができる．

セルリレーではセルを任意の時間位置に置くことができて，一つひとつのセルが順次交換される．そのため，ネットワークと情報の伝送速度を一致させる必要がなく，回線交換（STM）のように網同期を必要としないので，**非同期転送モード**（ATM）ともよばれる．

ATM 交換での情報単位である**セル**（3.5.2 項参照）のヘッダ部に，転送先のポートだけを識別できる**仮想パス識別子**（VPI）と**仮想チャネル識別子**（VCI）を用いることにより，セルヘッダ内の識別子のサイズを節約している．

ATM 交換の基本構成を図 4.8 に示す．伝送路内は仮想パスに分けられ，さらにその中が仮想チャネルに分けられている．ATM では仮想回線方式つまりコネクション

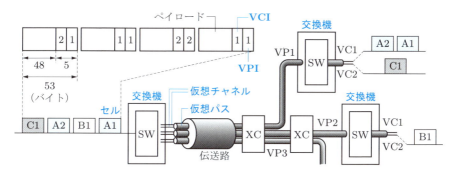

図 4.8　ATM 交換の基本構成
セルは VPI と VCI の両方を参照して転送される．

型通信を用い，セルヘッダ内の VPI と VCI の組み合わせで転送処理を行う．交換にはATMスイッチが使用され，セルが到着順にハードウェア処理で転送される．クロスコネクトでは仮想パス単位で方路が切り替えられる．ATMスイッチでは，非同期に転送されるセルでの輻輳を回避するため，待ち合わせ機能（バッファリング）や競合制御機能が行われ，VPI と VCI が別々に制御される．

ATM はサービスに依存しないデータリンク層での転送を行う．そのため，サービスの要求条件の異なるデータをセルに分解したり組み立てたりするには，そのためのプロトコルである AAL（ATM adaptation layer）タイプ 1～5 が必要となる．そのうち，AAL タイプ 1 は固定速度（例：回線交換）用，AAL タイプ 2 は可変速度用，AAL タイプ 5 はパケット交換用であり，これらにより上述の回線交換やパケット交換と等価的に同じ機能を発揮できる．

ATM交換の特徴

(i) 短い固定長のセルが利用できるので，遅延や遅延変動量が保証できる．

(ii) セルに優先順位が付けられるので，サービスごとの通信品質を保証できる．そのため，伝搬遅延に対して厳しい要求のある実時間通信への応用も可能となる．

(iii) 音声，画像，データなど，伝送速度が異なる多様なメディアの信号を処理でき，かつバースト的に発生する情報にも対応できる．

(iv) 各セルの切れ目が一定であるため，転送先をハードウェアスイッチで切り替えることができ，高速転送ができる．

(v) 一つの情報を形成するセル群のうち，一部のセルが欠落しただけでも，情報

60　　4章　交換技術

　　全体を再送する必要がある.

（vi）長いデータでは分割・組み立てが多くなり，非効率的となる.

　　セルを用いたATM交換は上記のように多くの利点をもつが，これらは定常的に発生する情報，たとえば音声データを念頭に置いて発案されたものであった．インターネットが普及し，トラフィックの主流がIPパケットになると，セルは短い固定長であるため，IPパケットのセルへの分割・組み立てに伴うATM交換の非効率性，およびデータに対するヘッダ長の相対的な多さが目立つようになってきた（演習問題8.3参照）．そのため，ATM交換の利用は当初期待されていたほどは伸びず，縮小傾向にあり，国内サービスが一部では停止されている.

　　ここまでに説明した各種交換方式の特性比較は，多重化方式とまとめて表3.1に示した.

─────────○　**演習問題**　○─────────

4.1　通信ネットワークにおける交換の意義を説明せよ.

4.2　交換に関する次の文章で，（　）内に適切な用語を入れよ.

　　交換を大別すると，（ ① ）交換と（ ② ）交換がある．（ ① ）交換では，（ ③ ）を入れ替えることで交換を行う．（ ② ）交換では，情報をいったん交換機のメモリに（ ② ）してから転送する．（ ② ）交換のうち，情報を小さく分解した広義の（ ④ ）を転送する（ ④ ）交換では，データの長さが（ ⑤ ）である．（ ④ ）の呼び方は使用される階層によって異なる．伝送路が銅線から光ファイバに置き換わったことに伴い，X.25プロトコルより機能を簡略化させた交換方式が（ ⑥ ）である．一方，（ ⑦ ）交換での転送単位はデータが固定長の（ ⑧ ）である．これらのうち，コネクション型通信に属するのは，（ ⑨ ）と（ ⑩ ）である.

4.3　回線交換，パケット交換，フレームリレー，ATM交換について，それぞれの利点と欠点を説明せよ.

4.4　仮想チャネルと仮想パスの役割を説明せよ.

4.5　次のパケットの転送方式について説明せよ.

　　（1）仮想回線方式　　（2）データグラム方式

4.6　次の用語について説明せよ.

　　（1）蓄積交換方式　　（2）DLC識別子（DLCI）　　（3）セル

5章 光ファイバ通信

光ファイバ通信は，光ファイバを伝送路とした通信システムであり，日本では 1978 年に商用化された．光ファイバ通信は，伝送路である石英系光ファイバの低損失・広帯域特性により，従来の銅線を用いた通信システムよりも中継間隔を約 1 桁以上長くできるので，その経済的優位性により銅線に代わって導入されている．光ファイバ通信は低コストのため，都市間の基幹回線だけでなくアクセス系にも導入され，インターネットの普及にも貢献している．

5.1 節では光ファイバ通信の概要を，5.2 節では光ファイバ通信の基本構成を説明する．5.3 節では，光ファイバ通信の中核をなす光ファイバについて，どの特性が有用になっているかを説明する．5.4 節では，光源，光増幅器，光検出器などの主要な要素技術を説明する．5.5 節では光ファイバ通信の特徴を光ファイバ特性との関係で説明し，通信ネットワークにおける光ファイバ通信の意義を具体例とともに示す．

5.1 光ファイバ通信の概要

光ファイバ通信（optical fiber communication）は，光ファイバを伝送路とした，音声・データ・画像情報などを送受する情報インフラを支える通信システムである．

1970 年は光ファイバ通信元年といわれ，光ファイバ通信にとって重要な二つの出来事があった．一つは，当時の技術水準では数千 dB/km であった光ファイバの損失が，コーニング社（米国）により石英で 20 dB/km まで低損失化されたことである．もう一つは，ダブルヘテロ構造を用いた GaAlAs 半導体レーザが，室温で連続発振したことである．

光ファイバのさらなる低損失化および半導体レーザの長寿命化とともに，光検出器などの関連部品の開発が精力的に進められ，システムとして使用できる部品が波長 0.85 μm 帯でそろった．その結果，0.85 μm 帯で多モード光ファイバを用いて，1973 年に世界で初めて光ファイバが米国の公衆通信へ導入され，1978 年には日本初の商用化が実現された．

光ファイバが同軸ケーブルなどの銅線と大きく異なるのは，接続問題である．光は直進性があるので，光の伝搬部であるコアの軸を一致させる必要がある．そのため，コア径が大きく（50 μm 以上），技術的困難性が少ない多モード光ファイバの接続技

術が先に実現された．コア径が小さいが（数 μm 程度），高帯域であることがわかっている単一モード光ファイバに関しても，「必要は発明の母」の格言のとおり，その接続技術が確立されて，1983 年には単一モード光ファイバが国内公衆通信網へ導入された．

商用化後も光ファイバの研究開発が各所で続けられ，より長波長側に低損失帯があることがわかり，1979 年に波長 1.55 μm で 0.2 dB/km 以下の極低損失値が達成された．そして，光ファイバ通信での使用波長帯が 0.85 μm から 1.3 μm，1.55 μm へと移行していった．これらはいずれも可視光より少し波長の長い近赤外域にある．波長 1.55 μm で低損失・低分散となる分散シフト光ファイバが主流となり，この波長帯で波長分割多重通信が行われるようになった（6.3 節参照）．

1980 年代半ばには高性能の光ファイバ増幅器が誕生し，光レベルのまま増幅できる技術を手にした．これにより，光ファイバ通信システムは光直接増幅と再生中継の組み合わせとなり，低価格化がさらに進んだ．また，光ファイバ増幅器を用いた線形中継伝送により，再生中継なしの大洋横断の光海底通信ができるようになった．

光ファイバ通信の特徴は低損失，高帯域，低価格などであり，これらが通信ネットワークにも影響を及ぼしている（図 5.1）．光ファイバ通信の導入は，当初は陸上の基幹回線や光海底通信だけであったが，家庭を含むアクセス系（6.5 節参照）にも及ぶようになった．

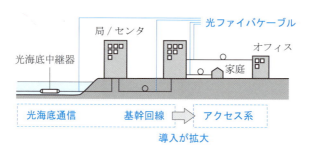

図 5.1 光ファイバ通信システム

5.2 光ファイバ通信の基本構成

光ファイバ通信では搬送波に光パルスを使用しており，その基本構成と光パルス波形変動の概略を図 5.2 に示す．主要な構成要素は，光源，変調器，伝送路，光検出器（受光素子），復調回路，光増幅器である．

搬送波発生用の光源は，伝送速度や波長帯に応じて，半導体レーザまたは発光ダイ

5.2 光ファイバ通信の基本構成

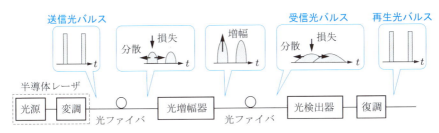

図 5.2　光ファイバ通信の基本構成と光パルス波形変動の概略

オードが使用される．これらの光源は注入電流で動作するため，変調信号を電流変化に置き換えることにより，on-off の強度変調をかけることができる（電気光変換）．そのため，光ファイバ通信では搬送波発生と変調を，一つの機器で実現できる．このような，別の変調器を用いることなく，一つの装置で搬送波発生と変調を行うことを直接変調という．

光ファイバ通信では通常，パルス符号変調が用いられるので，半導体レーザで光短パルスを発生させ，変調方式としてパルスの有無により 2 値符号の「1」と「0」を表す OOK を用いる．数 10 Gbps 程度の伝送速度までは，半導体レーザでの直接変調も可能である．

伝送路の光ファイバ材料としては，石英やプラスチックが用いられる．光ファイバ伝搬後は，損失により光パワーが減衰し，また分散により光パルス幅が広がる．光パワーが減衰しすぎると，光検出器の受光レベル以下になってしまうので増幅を行う．

光ファイバ通信における増幅には，次の二つの方法がある．

(i) 光直接増幅：分散による光パルス幅の広がりが比較的少なく，光信号の減衰の方が大きい場合には，光ファイバ増幅器を用いて光信号のまま増幅する．これを線形中継ともいう．光パワーのみ増幅できて，分散による広がりが補償できないが，再生中継間隔を延伸する効果が大きい．この方法は電気信号に変換しないので，回路構成が簡単で安価となる．

(ii) 光信号を電気信号に変換した後に電気信号の形で増幅する方法：光直接増幅だけではパルス広がりが累積し，符号間干渉（2.5.1 項参照）が生じて，信号の判別が困難になる．そのため，一般には光直接増幅を何回か行った後に，光検出器で光電変換（光電気変換）して再生中継をし，新しい光パルスを送出する．

たとえば，FA-10G 方式（伝送速度：9.95328 Gbps，SDH 準拠，1996 年サービス開始）では，既存の局舎を利用するため，線形中継器（光増幅器）の中継間隔を 80 km とし，再生中継器を 320 km ごとに設置しており，伝送容量は電話換算で約 13 万回線（129024 ch）である．波長 1.55 μm で，光源には後述する InGaAsP 半導体レーザ，

伝送路には分散シフト光ファイバ，光増幅器には EDFA を用いている．

5.3 光ファイバ

光ファイバ（optical fiber）の典型は円筒対称の導波構造であり（図 1.4 (c) 参照），断面の中心部をコア，周辺部をクラッドという．光はコアとクラッド境界で全反射し，光エネルギーがコアに閉じ込められて光軸方向に伝搬する．光ファイバは，電波領域の導波管と異なり，光がクラッドにも存在するので，開放型導波路ともよばれる．

光ファイバ材料は誘電体からなり，石英が一般的である．石英系光ファイバの主成分はシリカ（SiO_2）であり，コアには屈折率を高くするため P_2O_5 や GeO_2 が添加される．これは極低損失なため，長距離の基幹回線で使用されている．プラスチックファイバは，低価格であるが，石英に比べると約 2 桁大きい損失値なので，LAN などの短距離用途に限定される．

5.3.1 光ファイバの種類と導波特性

図 5.3 に，代表的な光ファイバの屈折率分布と光波伝搬の様子を示す．コアの屈折率 n_1 はクラッドの屈折率 n_2 よりも高くなっており（$n_1 > n_2$），屈折率は光軸方向に対して均一である．コアとクラッド間の相対的な屈折率差を比屈折率差（relative index difference）といい，

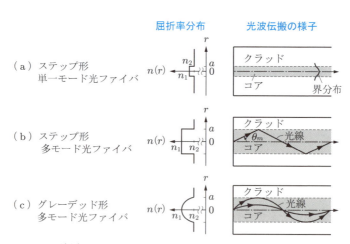

図 5.3 光ファイバの屈折率分布と光波（光線）伝搬の様子

$$\Delta \equiv \frac{n_1^2 - n_2^2}{2n_1^2} \quad \left(\cong \frac{n_1 - n_2}{n_1} \quad : \Delta \ll 1 \right) \tag{5.1}$$

で定義される. 括弧内は, 弱導波近似 ($\Delta \ll 1$) の下での近似式である.

光ファイバ内で許容される特定の光電磁界の状態を**導波モード**といい, 電磁界は導波モードの重ね合わせで存在する. $a\sqrt{\Delta}$ がある一定値よりも小さい場合に, 導波モードが一つだけ存在し, この条件を単一モード条件, この条件を満たすものを**単一モード光ファイバ**または**シングルモードファイバ**という.

光ファイバで基本的なのは**ステップ形光ファイバ**で, 屈折率がコアとクラッドの境目で階段状に変化し, 各領域では一定値となっている. 図 (a) のように, コア径が小さい光ファイバは単一モード光ファイバとよばれ, 広帯域特性をもち, 大容量伝送路として長距離通信で利用されている (表5.1). 1本の単一モード光ファイバで数10 Gbps (電話換算で10万チャネル以上) の情報を送ることができる. 情報の転送を車の移動にたとえるなら, 単一モードファイバは幅が極度に広い高速道路のようなものである.

表5.1　各種光ファイバの特性概略

		コア/クラッド径	伝送帯域	比屈折率差	接続
単一モード光ファイバ		$\approx 10/125\ \mu\mathrm{m}$	5〜数10 GHz・km	$\approx 0.2\%$	高精度必要
多モード光ファイバ	ステップ形	50,80/125 $\mu\mathrm{m}$	10〜50 MHz・km	1.0%	比較的容易
	グレーデッド形	50/125 $\mu\mathrm{m}$	0.3〜数 GHz・km	1.0%	

大きいコア径をもつ光ファイバは, 図 (b) のように複数のモード (すなわち θ_m) が同時に伝搬し, **多モード光ファイバ**または**マルチモードファイバ**とよばれる. 単一モード光ファイバよりも伝送帯域が狭く, 中容量伝送路として用いられている.

現在の主流は, 波長1.55 $\mu\mathrm{m}$ で低損失・低分散特性をもつ分散シフト光ファイバで (5.3.3項・図5.6参照), ステップ型ではない単一モード光ファイバである.

図 (c) のグレーデッド形光ファイバは, 屈折率がコア中心からクラッドに向かい徐々に減少するもので, ステップ形多モード光ファイバよりも帯域が広いが, 単一モード光ファイバの接続問題が解決してからは, 比較的短距離で使用されるだけである.

5.3.2　光ファイバの損失特性

光信号が光ファイバを伝搬するとき, その減衰の仕方は材料や波長によって異なる. そのため, 光ファイバの損失特性は, 使用波長や中継間隔を決定するうえで重要である. 1970年に20 dB/km (1 km あたりの透過率1%) が達成されたことが, 光ファイバ通信の実用化への端緒となった. 損失をさらに低減するため, 原料や製法に改良が

加えられた．まず，銅，鉄，コバルトなどの遷移金属が除去され，損失がある程度低下した．最後まで不純物として残った水（OH 基）が除去されると，低損失帯が当初よりも長波長側にあることがわかり，波長 1.55 μm で 0.2 dB/km 以下（1 km あたりの透過率 95.5% 以上）の極低損失が達成された．これに伴い，使用波長帯が 0.85 μm から 1.55 μm に変わった．

　石英系光ファイバの損失波長特性の概略を図 5.4 に示す．短波長側の特性はおもにレイリー散乱と紫外の電子遷移に基づく基礎吸収で，また長波長側は SiO_2 の赤外の分子振動による吸収で決定されている．これらの損失要因の谷間が，ちょうど波長 1.55 μm に相当しており，この波長帯が現在の主流となっている．図に示すように，光ファイバ通信には三つの波長帯が用いられ，多モード光ファイバは 0.85 μm 帯と 1.3 μm 帯で，単一モード光ファイバは 1.3 μm 帯と 1.55 μm 帯で使用されている（表 8.1 参照）．

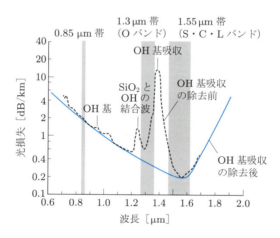

図 5.4　石英系光ファイバの損失波長特性

　光ファイバの損失は，製造技術だけでなく敷設条件などでも決まる．損失要因として，光源と光ファイバとの結合損失，構造不完全性損失などがある．光ファイバ敷設時に損失増加が生じないように，光ファイバの構造パラメータを適切に設定する必要がある．曲げ損失の影響が出るのは，曲げ半径が数 mm～cm のオーダであり，比屈折率差 Δ の値は曲げ損失で決定されている．

例題 5.1　全長 80 km の光ファイバに光パワー 2.0 mW を入射させるとき，検出可能な受光パワーレベルが 0.1 μW とする．温度変動などによるシステム余裕（マージン）を 7.0 dB とすると，光ファイバの平均損失はいくら以下にする必要があるか．

解答　2.0 mW は 3.01 dBm，0.1 μW は -40 dBm である．よって，マージン 7.0 dB を

考慮すると，全損失は {3.01−(−40)}−7.0＝36.01 dB だけ許容される．これを全長 80 km で割ると，平均損失を 36.01/80＝0.45 dB/km 以下にする必要がある．

5.3.3 光ファイバの分散特性

　光短パルスを光ファイバに入射させると，出射端ではパルス幅が広がる（図 5.5）．この性質を**分散**（dispersion）という．これは，入射光が光ファイバ内では導波モードに分かれ，各モードが固有の群速度で伝搬し，出射端では異なる時間に到達するためである．符号化して送信した光パルスが分散で広がりすぎると，隣接するパルス間が重なって，符号間干渉により符号誤りを生じる（図 2.10 (b) 参照）．そのため，中継間隔や伝送速度が分散で制限を受ける．

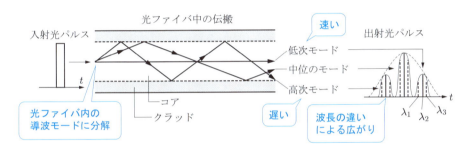

図 5.5　分散による光パルスの広がり
光ファイバ入射直後には，励振され得る全モードが分解されて入射し，各モードが固有の群速度で伝搬する．群速度の違いにより，光ファイバ出射端では光パルスが広がる．

　群速度の逆数は群遅延とよばれる．分散は導波モード間の群遅延差に関係し，これは通常 $\delta\tau_g$ [ps/km] で表される．光ファイバの伝送帯域 B は

$$B \equiv \frac{C_m}{|\delta\tau_g|} \tag{5.2}$$

で表せる．ただし，C_m は変調方式に依存した定数である．式 (5.2) は低分散と高帯域が等価であることを示している．

　光ファイバでの分散は，要因により，モード分散，色分散，偏波分散に分類できる．これらの大小関係は一般に，偏波分散≪色分散≪モード分散である．**モード分散**は，多モード光ファイバにおいて各モードの群速度の違いで生じる分散である．これより，単一モード光ファイバの分散が小さく，広帯域となることがわかる．

　色分散は波長分散ともよばれ，光源がスペクトル幅をもつため，特定のモード内での群速度が波長に依存して生じる分散である．色分散は，単一モード光ファイバにおけるパルス広がりの主要因であり，材料分散と導波路分散に分けられる．材料分散は

光ファイバ材料の屈折率分散から決まる値で，無限媒質でも生じる．導波路分散は構造分散ともよばれ，光ファイバが導波構造をとったことに起因し，構造や比屈折率差 Δ に依存する．つまり，材料分散は使用材料で決まり，導波路分散は光ファイバ構造に依存する．

石英系単一モード光ファイバの分散特性を図 5.6 に示す．ステップ形では，波長 1.3 μm 近傍で全分散がゼロ（**ゼロ分散波長**とよぶ）となり広帯域となるので，これが波長 1.3 μm で使用される根拠である．色分散の大きさや波長依存性が導波構造により制御できる性質を利用して，石英系光ファイバでのゼロ分散波長を，最低損失領域の 1.55 μm 近傍にシフトさせたファイバを**分散シフト光ファイバ**（dispersion-shifted fiber）という．これは低損失・低分散特性を兼ね備えたもので，現在，長距離通信でおもに使用されている（屈折率分布と色分散例を図 5.6 に示す）．

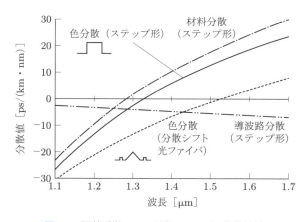

図 5.6　石英系単一モード光ファイバの分散特性

光ファイバ断面内の構造で非対称性，たとえばコア形状の楕円化が生じると，断面内の主軸に沿った二つの偏光が固有偏光モードとなる．この固有偏光の伝搬定数の違いで生じる分散を**偏波分散**という．これは光強度だけを用いる変調方式ではあまり問題にならなかったが，WDM の高速変調では重要となってきている（6.3.2 項参照）．

例題 5.2　色分散が 2.0 ps/(km·nm) の単一モード光ファイバに，スペクトル幅 1.0 nm の光を入射させ，光強度変調（$C_m = 0.5$）を行うとき，伝送帯域を求めよ．また，中継間隔が 50 km のときの帯域も求めよ．

解答　光が入射後の色分散は $2.0 \cdot 1.0 = 2.0$ ps/km である．これを式 (5.2) に代入して，$B = 0.5/(2.0 \times 10^{-12})$ km/s $= 2.5 \times 10^{11}$ Hz·km $= 250$ GHz·km となる．距離 50 km での帯域は $2.5 \times 10^{11}/50$ Hz $= 5.0$ GHz となる．

5.4 光ファイバ通信における要素技術（光ファイバ以外）

5.4.1 光　源

　光の搬送波を発生させる光源には，主として半導体レーザが用いられ，発光ダイオードも使用される．半導体レーザは最初，GaAlAs（発振波長：0.85 μm 近傍）を用いて室温で連続発振させられ，その後，光ファイバ通信の使用波長に合わせた各種レーザが開発された．半導体レーザは pn 接合を利用したダイオードなので，**レーザダイオード**（laser diode）ともよばれ，LD と略記されることもある．

　半導体レーザ（semiconductor laser）は，pn 接合を基本として，光の発生源である活性層の両側を異種の材料で挟み込んだダブルヘテロ構造にして，電圧を順方向で印加することにより発光させるものである（図 5.7）．光を往復させて増幅させるための光共振器の長さは数 100 μm 程度で，きわめて小型・軽量である．

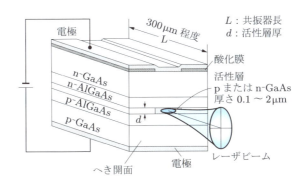

図 5.7　ダブルヘテロ構造半導体レーザの基本構造（AlGaAs の場合）

　半導体レーザで，バイアス電流 I_b をしきい値 I_{th} よりも上に設定しておき，そこで注入電流 I を高速で変動させると，光出力も変化する．半導体レーザでは直接変調でき，強度変調の一種である，光の明滅を利用した OOK で数 10 Gbps 程度まで変調可能である．

　半導体レーザの発振波長 λ_g [μm] は，バンドギャップ E_g [eV] で決まる．両者の関係は次式で表せる．

$$\lambda_g = \frac{1.24}{E_g} \tag{5.3}$$

所望の波長の光を発するために E_g をうまく選ぶ必要がある．これは単一材料では困難で，通常は化合物半導体が利用される．光ファイバ通信で重要な波長 1.3 μm と 1.55 μm 用には，数 100 Mbps 以上で分布帰還形 InGaAsP/InP 半導体レーザが使用

されている.

発光ダイオード（LED: light emitting diode）とは，半導体レーザと類似の pn 接合を用いて発光させるものであり，安価で長寿命な光源で，LD よりも低い伝送速度（数 100 Mbps 程度まで）で使用できる.

半導体レーザの特徴

(i) 小型・軽量であるため，デバイスに組み込んでも装置が小型化できる.
(ii) 電流で励起できるため，搬送波発生だけでなく直接変調もできる．そのため，部品点数が減り，装置の故障率が減少する.
(iii) 所望の発振波長を得るには，波長に対応したバンドギャップをもつ半導体材料と組成を適切に選ぶ必要がある.
(iv) 低電流で動作できるため，低電圧動作，低消費電力，高効率，高信頼性，長寿命などの利点がある.

5.4.2　光増幅器

光信号を，電気信号に変換せずにそのまま増幅することができる装置を**光増幅器**（optical amplifier）という．これでは光信号の増幅はできるが，分散による光パルスの広がりは補償できないことに注意を要する．光増幅器には，希土類添加光ファイバ増幅器と半導体光増幅器があるが，光ファイバ通信の線形中継器でよく用いられる前者のみを説明する.

希土類添加光ファイバ増幅器の構成を図 5.8 (a) に示す．増幅すべき信号光と励起用レーザ光を，光合波器を介して光ファイバに入射させる．入射部には，他端からの反射光がレーザに戻って動作が不安定になるのを防止するため，一方向にだけ光を伝

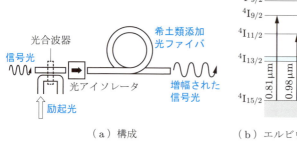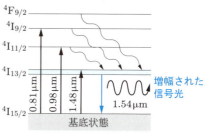

（a）構成　　　　　　　　　（b）エルビウム（Er^{3+}）のエネルギー準位

図 5.8　希土類添加光ファイバ増幅器

搬させる光アイソレータを設置する．

　光増幅器に使用する利得媒質は，信号光の波長に合致するエネルギー準位をもつことが必須であり，通常，コアに希土類元素（Er, Nd, Pr など）を添加した石英系光ファイバが用いられる．励起用レーザ光により，発振に関与する上の準位に多くの電子がためられる．この状態で信号光が入射すると，井戸のポンプで迎え水を入れたのと同じ状態となり，信号光がきっかけとなり，上準位の電子が基底状態に戻る際に，信号光が増幅されて出てくる．そのため，励起用レーザ光の波長は，信号光よりも必ず短くする．

　代表的な光ファイバ増幅器として，石英系光ファイバの低損失波長域の 1.55 μm 帯用の**エルビウム添加光ファイバ増幅器**（EDFA: erbium-doped fiber amplifier）がある（図 (b) 参照）．励起用光源として，波長 0.98 μm 帯と 1.48 μm 帯の半導体レーザがよく用いられ，100 mW 以上の高光出力が要求される．EDFA は光ファイバ通信で高利得・低雑音の光増幅器として使用され，再生中継間隔の拡大に寄与している．波長 1.3 μm 帯用にはネオジム（Nd）を添加した石英系光ファイバが用いられている．

5.4.3　光検出器（受光素子）

　光ファイバ通信では，すべての機能が光で行えるわけではなく，再生中継では光信号を電気信号に変換（光電変換）した後に信号処理をする必要がある．光ファイバ伝搬後の微弱な光信号の検出には，光伝導効果が利用される．この半導体光検出器（受光素子）をフォトダイオード（PD: photodiode）とよび，光ファイバ通信では pin フォトダイオードや増倍作用のあるアバランシュフォトダイオードが用いられている．

　pin フォトダイオード（pin PD）では，p 型と n 型半導体の間に，高速応答のため，絶縁層である i 層（intrinsic の頭文字）が挟まれ，これに逆バイアス電圧が印加される（図 5.9）．外部光は空乏層（電子やホール（正孔）などのキャリアがほとんど存在しない領域）で吸収され，ここで発生したキャリアが印加電圧により移動して，半導体内に光電流 I_{pc} が流れ，光電変換される．

　光ファイバ通信では信号に光短パルスを用いるので，pin PD では高速の応答速度

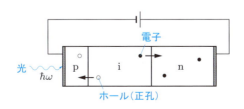

図 5.9　pin フォトダイオードの構造

や受光感度，高い量子効率，低雑音，暗電流（無光照射時に流れる電流）が少ないことなどが重要である．波長 0.85 μm 用では Si，1.3 μm 用では InGaAs，1.55 μm 用では InGaAs/InP や InGaAs/GaAs が用いられている．pin PD は増幅作用をもたないが，雑音が比較的小さく，低価格である．

フォトダイオードに増倍作用をもたせるため，素子に高い逆バイアス電圧を印加する構造にしたものを**アバランシュフォトダイオード**（APD: avalanche photo diode）という．入射光で発生したキャリアは，高い逆バイアス電圧により高電界で加速されるため，衝突を繰り返してキャリア数がなだれ（avalanche）的に増大し，光電流が増幅される．APD では，任意の高い電流増倍率が逆バイアス電圧を制御して得られ，pin PD に比べて受信感度が高い．しかし，高い電圧を必要とし，上記増倍過程で生じる過剰雑音があり，構造が複雑なため素子が高価である．

5.5 光ファイバ通信のネットワークにおける特徴

光ファイバ通信では，伝送路として石英系光ファイバを用いる．これは，低損失（0.2 dB/km 以下）で，1 本あたりの直径が細く（被覆層を含めて心線で約 1 mm），軽量（材料であるガラスの比重が銅の約 1/4）などの特徴をもち，通信に対して様々な効用をもたらす．表 5.2 に，光ファイバを用いることによる特徴と効用などを示す．

表 5.2 光ファイバの特徴と効用

特　徴	特徴から派生する効用など
低損失	長中継間隔（50〜数 100 km），コスト低下，基幹回線・光海底通信に使用可能
広帯域	大容量伝送が可能（数 10 Gbps），長中継間隔
細径	既設管路がそのまま使用可能，同じ断面積により多く収容可能
軽量	敷設や設備工事が容易，船舶・航空機・自動車など移動物体への搭載可能
可とう性	許容曲げ半径が数 mm 程度，敷設や設備工事が容易
無誘導・無漏話	隣接線からの電磁誘導がない
豊富な材料資源	主原料の珪素（Si）の枯渇の心配がない

光ファイバがもつ弱点は，ケーブル構造，工具，敷設法などに工夫を凝らすことによって解決され，実用化に至った．

1.6 節で示した通信ネットワークにおける評価項目に対する評価値は，伝送路によっても変化する．光ファイバの通信システムにおける利点は，低損失と高帯域特性から派生しており，これらが低価格，高速伝送，伝送誤りの低減などを通じて，評価値を上げる方向にはたらいている．

以下に，通信ネットワークにおける光ファイバ通信の意義を示す．

5.5 光ファイバ通信のネットワークにおける特徴   73

低価格化

低損失な光ファイバと光増幅器の使用により，中継間隔が長くでき（5.4.2 項参照），中継器の数が減少して，システムコストが低下した．

そのため，通信サービスが低コストで提供できるようになった．これは遠距離電話の低価格化だけでなく，インターネットの普及や映像・画像情報へのアクセス増（7.1節参照），企業や組織向けの広域ネットワーク（WAN）サービス（9.3 節参照）の充実にも貢献している．

また，伝送路価格が交換機に比べて相対的に低くなることで，ツリー型よりもメッシュ型のネットワークトポロジーの方が経済的に勝るようになってきた．その結果，固定電話網の階梯数が従来の 4 から 1〜2 へと少なくなった（1.3.3 項参照）．

高速伝送の実現

基幹回線の同軸ケーブルやアクセス系（6.5 節参照）の撚り対線が，広帯域な単一モード光ファイバに置き換わることで，高速伝送が実現され，大容量の情報が伝送できるようになった．

光ファイバは，高速伝送を実現できるため，SDH 網，IP 網，ATM 網など異なる転送モードを多重化でき，増加する IP パケットの転送をインフラ面で支えている（9.1節参照）．また，光ファイバはイーサネットでの高速化も支えている（8.3 節参照）．

極低損失となる波長 1.55 μm 近傍での波長分割多重技術（6.3 節参照）により，さらに広帯域なシステムの構築が可能になっている．また，異なる転送方式の信号を直接，光伝達網（OTN）のペイロードに収容できる（6.4 節参照）．

移動体通信における不感地帯への送信では，光ファイバ無線が利用されている（10.4.1 項参照）．国際間通信や国内の離島への通信では，光海底ケーブルにより通信速度が向上して，応答の時間遅れが少なくなった．

伝送誤りの低減

光ファイバの高品質特性あるいは広帯域特性を活かした冗長符号の利用により，伝送時の符号誤りが従来の同軸ケーブルよりも少なくなったため，誤り検出・訂正の機能を一部で省略できるようになった．

光ファイバの高い伝送品質は，システムの簡素化，伝送遅延時間の短縮，誤り訂正

74　5 章　光ファイバ通信

に関係するヘッダの簡略化などに貢献している．たとえば，フレームリレー（4.5 節）では，従来は隣接ノード間で誤り制御を何度も行っていたものが，送受信端末間でのみ再送制御を行うだけで済み，企業向け専用線が提供できるようになった．ATM 交換（4.6 節）では，中継交換機間での誤り検出・訂正機能を省略し，端末間でのみの誤り訂正で済ますことができるようになった．IPv6 アドレスは，その導入の際にはすでに光ファイバによって伝送誤りが少なくなっていたために，ヘッダが IPv4 より簡略化されている（7.4.1 項参照）．

> **例題 5.3**　石英系光ファイバを用いて，地球の 1/4 周に相当する 10000 km を伝送させるとき，所要時間を求めよ．ただし，石英の屈折率を $n=1.45$ とせよ．
>
> **解答**　石英中での光速 v は，式 (10.2) を利用すると，$v=c/n=3.0\times10^8/1.45$ m/s $=2.07\times10^8$ m/s となり，所要時間は $1.0\times10^7/2.07\times10^8$ s $=4.83\times10^{-2}$ s $=48$ ms となる．これを演習問題 10.4 と比較すると，国際中継では光ファイバ通信の方が衛星通信よりも応答時間が短いことがわかる．

---

dB（デシベル）単位とは

　通信における増幅度や減衰量，伝送路の損失，電気回路の増幅度・雑音指数・帯域などを表示するのに，dB 単位がよく使用される．対象物への入力パワーを P_{in}, 出力パワーを P_{out} で表すとき，増幅度や減衰量（損失）などの性能を次式で定義する．

$$F_1 \, [\text{dB}]=10 \log_{10}\frac{P_{out}}{P_{in}} \quad (P_{out}/P_{in}>1), \quad F_2 \, [\text{dB}]=-10 \log_{10}\frac{P_{out}}{P_{in}} \quad (P_{out}/P_{in}<1)$$

増幅度の場合は F_1 を用いる．F_2 のマイナス符号は，減衰量や損失のときの値を正で表すためである．たとえば，$P_{out}/P_{in}=0.5$ のとき $F_2=3.01$ dB となる．パワーの絶対レベルを表すときは 1 mW または 1 W を基準とし，1 W$=0$ dBW$=30$ dBm，1 mW$=0$ dBm $=-30$ dBW，1 μW$=-30$ dBm$=-60$ dBW などと表す．

　光ファイバの伝送損失は 1 km あたりの損失を dB/km で表す．伝送損失を 1 km あたりのパワー透過率 T で表すと，20 dB/km が $T=1.0\%$，0.2 dB/km が $T=95.5\%$に対応する．

●　**演習問題**　●

5.1 長さ 15.0 km の光ファイバに 0.78 mW の光パワーを入射させると，出射光の光パワーが 77.1 μW となるとき，次の問いに答えよ．
　（1）入射光パワーは何 dBm か．
　（2）このときの光ファイバの平均伝送損失を dB/km 単位で表せ．

（3）このときの 1 km あたりのパワー透過率 T を求めよ．

5.2 光ファイバ通信において中継間隔を決める要因を二つ挙げ，どのようにして制限されるかを説明せよ．

5.3 パルス幅 10 ps，スペクトル幅 5.0 nm の光パルスを単一モード光ファイバ（色分散：4.0 ps/(km·nm)）で伝搬させるとき，伝送速度が 1.0 Gbps と 500 Mbps の場合について，分散制限による中継間隔を求めよ．ただし，ある距離伝搬後のパルス幅は，もとのパルス幅と分散による広がりの 2 乗平均で与えられるものとする．

5.4 光ファイバ通信で使用される三つの波長帯を示し，その使用根拠を説明せよ．

5.5 光ファイバ通信の基幹系伝送路として，最初グレーデッド形多モード光ファイバが使用され，その後，単一モード光ファイバが使用されるようになった理由を説明せよ．

5.6 光ファイバ通信が通信ネットワークに及ぼした影響を説明せよ．

5.7 次の用語について説明せよ。

（1）分散シフト光ファイバ　　（2）半導体レーザ　　（3）EDFA

6章 光ネットワーク技術

　光ファイバ通信は最初，同軸ケーブルや撚り対線の銅線に代わる伝送路としての位置づけで導入され，この頃は OSI 参照モデルの物理層のみに関係していた．光ファイバ通信技術の進展に伴い，後に波長分割多重通信（WDM）が生まれた．これにより，光ファイバ技術は伝送容量の増加だけでなく，多重化や転送などのより複雑な機能も担えるようになった．この光領域でのネットワークを光ネットワークという．本章では，物理層のみを対象とする広義の光ネットワークも含めて説明する．

　6.1 節では光ネットワーク導入の経緯を，6.2 節では伝送路として光ファイバの使用を前提とした国際標準の同期ディジタルハイアラーキ（SDH）を説明する．6.3 節では WDM の基本構成と要素技術を紹介し，6.4 節では最新の通信インフラを支える，WDM を前提とした光伝達網（OTN）を，6.5 節では家庭やオフィスなどユーザに近い部分の光技術である光アクセス系を説明する．

6.1　光ネットワーク導入の経緯

　光ファイバ通信は 1978 年に国内で初めて商用システムに導入された．それから 1980 年代中頃までは，伝送路としての光ファイバ技術が利用され，地対地（point to point），つまり物理層でのみ光技術が利用されていた．この時期では，光ファイバが高品質な伝送路であることを利用して，1988 年には同期ディジタルハイアラーキ（SDH）が国際標準に制定され，PDH（3.6 節参照）に代わって導入された．

　1990 年代中頃，光増幅器と波長分割多重通信（WDM）が導入された．光信号自体は高速であるが，当時は光技術だけでは通信に必要な処理ができないため，光電気変換（O/E）して，電気的信号処理をする必要があった．そのため，ノードを単純通過する信号に対してもこれらの処理を施すという無駄があった．インターネットの爆発的発展によりトラフィックが急増したため，この問題はより深刻になった．

　光信号のままでノードを通過させれば，これらの問題が解消されるので，データリンク層以上の上位層の機能も光技術で実現しようとする動きが出てきた．これを狭義の光ネットワークとよぶ．**光ネットワーク**とは，多重化，交換，ルーティングなどのデータ転送機能を光技術で行うことにより，大量の情報を経済的に送受し，多様なサービスの提供を可能とする通信ネットワークのことである．

6.2 同期ディジタルハイアラーキ（SDH）　　77

こうして，先行する IP 網，ATM 網，SDH 網を包含する，WDM を前提とした光伝達網（OTN）の標準初版が 2001 年に制定された．その後，イーサネット（8.3 節参照）の重要性を考慮して 2009 年に拡張版が制定された．

6.2 同期ディジタルハイアラーキ（SDH）

非同期ディジタルハイアラーキ（PDH，3.6 節参照）における国際間の階梯不統一による問題点を解消するため，1988 年に CCITT（現 ITU-T）により**同期ディジタルハイアラーキ（SDH: synchronous digital hierarchy）**が勧告された．日本では 1989 年に SDH に基づく光ファイバ通信システムが導入された．SDH は，すでに導入されていた PDH や ATM セルでの信号も多重化できるように，主要サービスとして固定電話を想定して世界中の基幹系に導入された．しかし，SDH はインターネットの普及などによる情報量の急激な増加に対応しきれず，その新規導入は 2000 年頃までである（運用は現在も続けられている）．

SDH は，米国規格協会（ANSI: American national standards institute）により，北米での使用を前提として標準化された同期光ネットワーク（SONET: synchronous optical network）をベースとしたものである．両者は厳密には異なり，パスを転送する基本伝送速度が SDH では 155.52 Mbps，SONET では 51.84 Mbps である．しかし，フレームを時分割するという点が同じで，155.52 Mbps より上位は同じ多重速度となっているため，SONET/SDH と書かれることがある．

6.2.1　SDH のシステム構成

SDH を用いた商用システムの基本構成は図 5.2 と同様であり，1.3 μm と 1.55 μm の波長帯が用いられている．光源には直接変調を兼ねる InGaAsP 半導体レーザ，伝送路には 1.3 μm 用にステップ形単一モード光ファイバ，1.55 μm 用に分散シフト光ファイバ，光検出器にはおもに InGaAs-APD が使用されている．標準中継間隔は，光増幅器を用いないときは 40 km ないし 80 km であり，EDFA を用いるときは線形中継間隔が 80 km，再生中継間隔が 320 km ないし 640 km である．

6.2.2　SDH のフレーム構成と多重化

SDH は同期多重であり，多重化速度により STM-N（synchronous transport module level N）で体系化されている（図 6.1）．STM-1（155.52 Mbps: 通称 156 Mbps，電話換算 2016ch）を基本伝送速度としており，その整数倍の速度で，STM-4（622.08 Mbps，8064ch），STM-16（2.48832 Gbps，32256ch），STM-64（9.95328

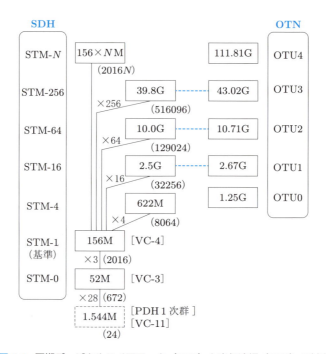

図 6.1 同期ディジタルハイアラーキ（SDH）と光伝達網（OTN）の対応
四角形内は概略伝送速度［bps］，（　）内は電話換算のチャネル数，［　］内は対応するバーチャルコンテナ，水平方向の破線は対応するシステム．OTU0 と OTU4 はそれぞれ 1 G と 100 G のイーサネット用．

Gbps，129024ch），STM-256（39.81312 Gbps，516096ch）が多重化されている．SONET の 51.84 Mbps（通称 52 Mbps）は STM-0 とよばれている．

　SDH における多重化単位は，**バーチャルコンテナ**（VC: virtual container）とよばれる格納器である．VC は**ディジタルパス**であり，STM-N のペイロードには，情報が VC の形で載せられる（図 6.2）．VC は情報量に応じて，VC-11（電話換算容量 24ch，伝送速度 1.664 Mbps: 日本と北米用），VC-12（32ch，2.240 Mbps: 欧州用），VC-2（96ch，6.848 Mbps），VC-3（672ch，48.960 Mbps），VC-4（2016ch，150.336

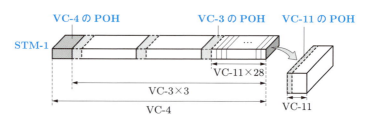

図 6.2 SDH におけるバーチャルコンテナによる多重化の模式図

Mbps) がある．たとえば，VC-3 には 28 個の VC-11 を，また STM-1 には 3 個の VC-3 あるいは 1 個の VC-4 を載せること（マッピング）ができる．VC-4 以上は，これを複数個結合して用いる．VC には ATM セルや PDH 1 次群も載せることができる．

SDH はフレーム単位で構成されており，その構成例を図 6.3 (a) に示す．1 フレームは音声符号化の基本周期の 125 μs を単位とし，STM-1 では 270 バイトからなる九つの区画に分けられている．これは，通常，図 (b) のように，9 行 ×270 バイトで表記される．この配列は，PDH における日・米・欧での 1 次群を整合させるためにとれた．270 バイトのうち，左側の 9 バイトが**セクションオーバヘッド**（SOH: section overhead），残りの 261 バイトがペイロードである．SOH にはセクション（SDH フレームを伝送する区間）のネットワークの運用管理に必要な情報（ポインタ，誤り監視情報，障害通知警報等）が書き込まれ，ペイロードには低次側の VC が載せられる．

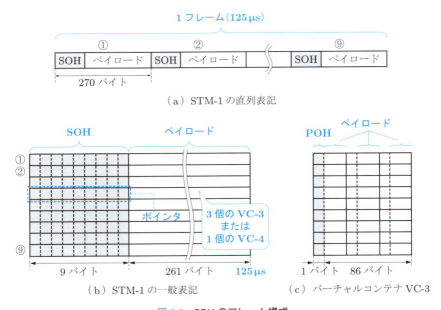

図 6.3　SDH のフレーム構成

同期多重で伝送速度が高速になると，低次群では問題とならなかった点が顕在化する．高速になるほど，各種機器による伝送遅延や伝送路による位相ずれに起因する，時間軸上でのビット位置のずれ（これをジッタとよぶ）の影響が顕著となる．SDH ではこのずれの影響を回避するため，低次側 VC をペイロードと**パスオーバヘッド**（POH: path overhead）に分け（図 (c) および図 6.2 参照），POH にこの VC の先頭位

置の識別番号や制御情報などを書き込む．高次側 VC には，上記オフセット値（低次側 VC の先頭位置）を SOH 内に設けられた**ポインタ**（pointer）に記載する．受信側ではポインタ情報を読み取ることにより，VC の先頭位置を知ることができる．ポインタの採用により，遅延時間が PDH よりも非常に小さくなった．

■ SDHの特徴

(i) 多重化単位はバーチャルコンテナ（VC）である．そのため，PDH や ATM セル信号の VC への載せ方さえ規定すれば，SDH の多重化方法を変更することなく，ATM セルや IP パケットなどの信号を SDH のペイロードに載せることができる．これにより，ATM セルを SDH で多重化する ATM over SDH や，IP over SDH（9.1.1 項参照）が実現されている．

(ii) セクションオーバヘッド（SOH）内のポインタに，VC の先頭位置のアドレスが格納されているから，受信側ではポインタ情報から SDH ペイロードにおける各 VC の位置を判別できる．そのため，高次群情報の中で任意の低次群情報へ容易にアクセスできる．

(iii) SDH でのパスは，情報の有無によらず，フレーム中の特定のタイムスロットを専有している．そのため，一度パスを設定すると，未使用でもほかのユーザはそのタイムスロットを使用することができず，非効率的となる．

例題 6.1 SDH におけるバーチャルコンテナ VC-4 に，次のコンテナあるいは ATM セル，PDH をいくつ載せることができるか．
(1) VC-11　　(2) VC-2　　(3) VC-3　　(4) ATM セル（45 Mbps）
(5) PDH 1 次群（1.544 Mbps）

解答　VC-4 の伝送速度は 150.336 Mbps で，電話換算で 2016ch 載せることができる．よって，(1) 2016/24＝84 個，(2) 2016/96＝21 個，(3) 2016/672＝3 個となる．(4) 150.336/45＝3.3 を超えない整数の 3 個となる．(5) PDH 1 次群では電話換算で 24ch 収容されており（3.6 節参照），(1) と同じ 2016/24＝84 個となる．

6.3　波長分割多重通信（WDM）

光ファイバ通信に使用される石英系光ファイバは，波長 1.55 μm 近傍が極低損失領域，つまり光ファイバの窓となっている（図 5.4 参照）．この波長帯で搬送波長を複数にして多重化し，1 本の光ファイバに載せて信号を送ると，地対地での伝送容量が搬送波長の本数分だけ増加させることが可能となる．このような通信を**波長分割多重通**

信（WDM: wavelength division multiplexing）という．

WDM は，当初はインターネットにより急増する通信需要をまかなうため，光技術を物理層でのみ使用する地対地通信で，北米を中心として 1990 年代半ばから活発に取り入れられた．WDM を用いると，伝送容量の増加だけでなく，従来の光ファイバ通信に質的変革がもたらされる．つまり，波長をアドレス代わりに使用してネットワークを構成することが可能となるのである．これは**フォトニックネットワーク**とよばれ，ネットワーク層やデータリンク層での機能も光技術で行うものである．このように，光ファイバ通信技術の進展に伴い，通信ネットワークや交換技術が従来とは異なる形で密接な関係をもつようになってきている．

波長分割多重通信の意義

(ⅰ) 超大容量化：波長数に比例した伝送容量の増大(物理層)により，コストが低減される．従来の大容量化は時分割多重や空間多重（多芯化）であった．

(ⅱ) 各種形態の信号転送：従来からある IP パケット，ATM セル，SDH などの各種形態の信号を，WDM により転送できる（9.1.1 項参照）．

(ⅲ) 光パスの設定：後述するように，光パスを設定すると，電気領域と同じように，光アドドロップ装置や光クロスコネクト装置を用いることにより，多重化や交換機能を光技術で行えるようになる．その結果，ノード構成の簡略化や，処理遅延の低減化が達成できる．

(ⅳ) 信号処理速度の改善：電子回路の速度限界を光技術で克服でき，信号処理が低遅延で行える．

6.3.1 WDM の基本構成

波長分割多重通信の基本構成を図 6.4 に示す．光源は波長 1.55 μm 近傍で，多重数 N だけ異なる搬送波長（$\lambda_1, \lambda_2, \cdots, \lambda_N$）をもつ半導体レーザである．これらのレーザ

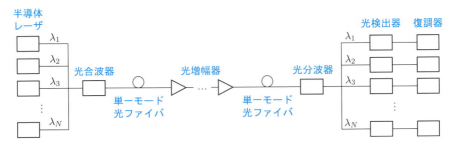

図 6.4　波長分割多重通信の基本構成

にディジタルパルス変調を加えた光は，光合波器により1本の単一モード光ファイバに入射させられる．途中では，光増幅器で損失ぶんだけを補償する．最終の光ファイバから出た光は，光分波器で多重数ぶんの異なる波長に分離した後，光検出器で電気信号に変換し，もとの信号が得られる．

WDMでは，単一モード光ファイバで，たとえば10波の多重化をすれば，数10 GHz·km～数THz·kmの超広帯域通信が可能となる．日本では1984年にF-6M方式で2波長（1.2/1.3 μm）のものが導入され，現在では多重数が100波以上も実現している．

WDMでの波長帯はCバンド（conventional-band: 1530～1565 nm）を含めて六つに分類されている（図6.5）．短波長側からOバンド（original: 1260～1360 nm），Eバンド（extended: 1360～1460 nm），Sバンド（short: 1460～1530 nm），Lバンド（long: 1565～1625 nm），Uバンド（ultra-long: 1625～1675 nm）と名づけられている．Oバンドは石英系ステップ形単一モード光ファイバのゼロ分散波長である1.3 μm近傍に関するものである．

図6.5 波長分割多重通信のバンド区分

ITU-Tが推奨するWDMは，中心周波数（アンカー周波数）が193.1 THz（1552.52 nm）であり，周波数間隔は，100 GHz（波長幅：約0.8 nm），50 GHz（0.4 nm）または25 GHz（0.2 nm）である．数100 GHz以下の間隔のものをとくにDWDM（dense WDM）とよぶ．一方，波長間隔20 nmの多重化や1.3 μm帯と1.55 μm帯の同時使用のように，波長間隔の広い多重化をCWDM（coarse WDM）とよぶ．

例題6.2 WDMでSバンド，Cバンド，Lバンドを用い，波長間隔を0.8 nmとするとき，何波収容できるか．

解答 Lバンドの長波長側が1625 nm，Sバンドの短波長側が1460 nmだから全波長幅が165 nmとなる．これを間隔0.8 nmで割ると，165/0.8＝206.3で206波となる．

6.3.2 WDMでの要素技術

WDMにおいて重要となる構成要素は，光ファイバ，光源，光合分波器，光増幅器などである．

WDMで使用される光ファイバは，Cバンド近傍では通常，分散シフト光ファイバ

である．多重数が多くなると，入射光パワーが増加し，各波長光がほぼ同一速度で伝搬すれば，光非線形効果により波長変換が生じやすくなる．これを避けるため，ゼロ分散波長を 1.55 μm から少しずらした**非ゼロ分散シフト光ファイバ**が用いられる．

光源は 1.55 μm 帯で発振する，狭スペクトル幅の分布帰還（DFB）形 InGaAsP 半導体レーザである．これを波長間隔ごとに，しかも周波数安定性に優れたものを用意する．基準となるレーザの絶対周波数を安定化させ，ほかのレーザはこれとの周波数差を検出して安定化させる．発振波長を電流で変化させ，ペルチエ素子を用いた温度制御で発振波長を固定する．

変調には，数 10 Gbps までは光の明滅を利用する OOK が使える．100 Gbps の場合，OOK では明瞭度が低下するので，直交する 2 偏光と QPSK を併用する DP-QPSK（dual polarization differential QPSK）や多値変調（QAM）が用いられる．

光合分波器では，波長間隔が 1 nm 以下で，それも急峻なフィルタ特性をもつ波長選択性素子が求められる．これにはアレイ導波路回折格子（AWG: arrayed waveguide grating）が使われる（図 6.6）．AWG はコアの長さが異なる多数の光導波路をアレイ状に並べたもので，入射面で全光波を同時に入射させると，出射側では回折効果により，異なる波長の光が空間的に分離される．

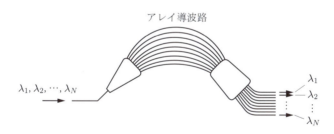

図 6.6　アレイ導波路回折格子（AWG）による光分波

光増幅器では，広い波長範囲の光信号を一括増幅し，利得平坦性を保つ必要がある．EDFA で増幅が可能な波長範囲は 30 nm 程度であり，これ以外に様々な希土類を添加した光ファイバ増幅器やラマン増幅器などが用いられる．

6.3.3　WDM の光ネットワークへの適用

初期の WDM では光技術を物理層のみで使用していたが，光ネットワークでは転送処理も光領域で行う．そのため，同一方面のトラフィックを光パスに指定し，通過光パスは光信号のまま次のノードへ転送するようにしている．

(1) 光パス

WDM は 1 本の光ファイバの中に，多くの仮想光ファイバを通して多重化しているとみなすことができる．したがって，従来電気領域で行っていた仮想パスや仮想チャネルの概念を光分野へ適用することが可能となる．上記の仮想光ファイバに相当する，波長により伝送路を識別し，経路選択を行うものを光パス（OP: optical path）とよぶ．

光パスは波長パス（WP: wavelength path）と仮想波長パス（VWP: virtual wavelength path）に分けられる．波長パスは，エンド・ツー・エンドで 1 波長を割り当てる方式であり，経路上のすべての伝送路で波長が重ならないように波長を設定する必要がある．仮想波長パスは，ノード間ごとに必要に応じて波長を変える方式であり，波長衝突が生じないので，網内リソースの使用効率が高い．しかし，各ノードで波長変換機能が必要となり，ノード構成が複雑になる．

光パスを利用すると，パスの識別やパスの経路選択に波長を使用する，波長ルーティングが使えるようになる．

(2) ノード構成

WDM それ自体は，電気的処理に比べて高速伝送ができる．この特性を活かすためには，OSI 参照モデルでのより上位の層まで光技術を導入する必要がある．

WDM で波長数が増加すると，ノードの構成が複雑となり，電気的な信号処理が困難になってくる．また，ATM や IP などのパケット単位の伝送では，電気的処理による信号の遅延や遅延ゆらぎが生じる．これを electronic bottleneck という．

ところで，ノードに流入するデータのうち，7～8 割がノードを単純に通過するデータなので，これらに対しては光電気変換（O/E）や電気光変換（E/O）などの電気的処理を行わずに，光信号のままノードを通過させれば，これらの問題が解消される．光パスをあらかじめ設定しておき，同一方面に転送されるデータを区別すると，次に述べるように，通過光パスは光信号のまま次のノードに転送され，スループットが大幅に増える．

ノードでの光パス処理には光カットスルー，光アドドロップ，光クロスコネクトの 3 種類がある（図 6.7）．光カットスルーは，通過光パスを光信号のまま次ノードへ転送するものである．光アドドロップとは特定の光信号だけを分岐・挿入する操作であり，これを行う機器を光アドドロップ装置（OADM: optical add/drop multiplexer）という（図 (a) 参照）．光クロスコネクトとは複数のノードから来た光信号の方路を，別の複数のノードへ経路切り替えすることであり，これを行う機器を光クロスコネクト装置（OXC: optical cross-connect）という（図 (b) 参照）．OXC を利用すると，

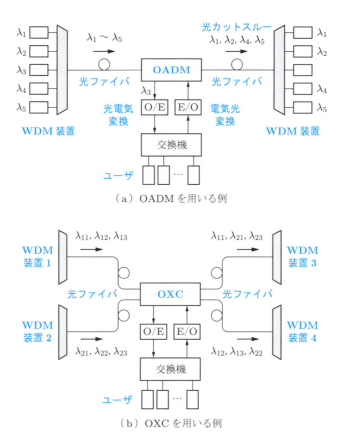

図 6.7 フォトニックネットワークの構成

ネットワークを自由度の高いメッシュ型で構成できる．光の波長を基にして方路を設定する装置を ROADM（reconfigurable optical add/drop multiplexer）とよぶ．

6.4 光伝達網（OTN）

1990 年代後半から，インターネット需要の拡大により，大容量の情報を扱える通信ネットワークが強く求められるようになった．当時の国際標準である SDH が大容量通信用に改良されたが不十分であり，抜本的な対策が必要となった．そこで，2001 年に ITU-T により，SDH と整合性のとれる OTN 初版の標準化が制定された．その後，進展するイーサネット（8.3 節参照）にも適合できるように，2009 年に拡張版が制定された．

OTN（optical transport network）は**光伝達網**ともよばれ，伝達装置間で信号を信頼

性よく長距離伝送するために，WDM で光パスを基本として，信号をプロトコル変換，多重化して宛先まで誤りなく転送させる光ネットワークの規格である（図 6.8）．光多重セクション（OMS: optical multiplex section）は WDM を一括管理する区間，OCh（optical channel）は光パスで管理されている区間であり，PTS（photonic transport node system）でほかの転送方式からの情報の送受を行う．

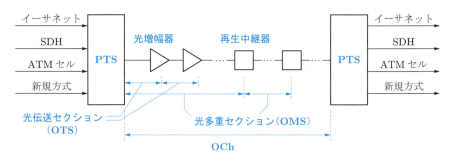

図 6.8 光伝達網（OTN）レイヤアーキテクチャ

OTN の基本フレームフォーマットは OTUk（optical channel transport unit-k, $k=0$〜4）で示され，k（$k=1, 2, 3$）を SDH での STM-N（$N=16, 64, 256$）に対応させている（図 6.1 参照）．伝送速度は $k=1$ で 2.67（$=255/238 \times 2.48832$）Gbps，$k=2$ で 10.71（$=255/237 \times 9.95328$）Gbps，$k=3$ で 43.02（$=255/236 \times 39.81312$）Gbps であり，（　）内の分数は新規方式に対応するためのクロック上昇率を表す．$k=0$ の 1.25 Gbps と $k=4$ の 111.81 Gbps は，それぞれ 1 G と 100 G のイーサネットを転送させるため，4 倍則からずれている．OTUk 以外に，誤り訂正バイト部分等を除いた ODUk（optical channel data unit-k）という単位も定義されており，この ODU を基本単位として多重・逆多重が可能となっている．

OTN のフレームフォーマットの構成を図 6.9 に示す．これは k 値によらず，4 バ

図 6.9 OTN の基本フレームフォーマット

イト（行）×4080 バイト（列）であり，16 列目までのオーバヘッド（OCh OH）は OCh の管理情報を含み，17～3824 列はペイロード，3825～4080 列には前方誤り訂正（FEC: forward error correction）の符号を記載している．FEC は，発生したビット誤りを受信側ノードで訂正する手法であり，再生中継器数の削減に貢献している．

OTN は，最初 SDH の信号を OTN のペイロードに収容することを前提としていた．その後，インターネット，VoIP，IP-VPN などのサービスを処理する IP パケットが増加し（7～9 章参照），これらがイーサネットに載せて転送されるようになった．OTN では，SDH，ATM セルなど従来からある異なる転送方式だけでなく，今後新規に現れる方式にも柔軟に対応して，信号を直接 OTN のペイロードに収容できるように設定している（図 6.8 参照）．ギガビット（10G/100G）イーサネットフレーム（8.3 節参照）の全バイトを，ビット列のまま OTN のペイロードに載せることができ，これを "transparent mapping" とよぶ．このように，データに加工を施すことなく，機器間で載せ替えることを「透明（transparent）」とよぶ．

OTN では，従来の音声信号を基本とした 125 µs 周期と異なり，IP パケットの転送に合わせた通信ネットワークへと変化している．

OTN のシステム構成は図 6.4 とほぼ同様であり，伝送路として 1.3 µm 用にはステップ形単一モード光ファイバ，1.55 µm 用には分散シフト光ファイバと非ゼロ分散シフト光ファイバが使用されている．

光伝達網（OTN）の特徴

(i) 光ファイバは高帯域なので，FEC に多くのビットをとる余裕がある．そのため，再生中継の回数を削減しても，小型・安価になったメモリを多用し，リード - ソロモン誤り訂正符号の導入により，誤り回復が容易となる．FEC により，高信頼性と遅延時間の減少が実現されている．

(ii) 光ファイバの高帯域性により，イーサネットフレームの全バイトを OTN フレームに直接マッピングできる．そのため，利用者のバイト使用法によらず，情報を欠落することなく転送できる．

(iii) 将来の新規方式にも対応できるように，フレーム内のビット数を不変とし，フレーム周期を可変としている．

日本における通信サービスと伝送路，伝送方式の変遷の概略を図 6.10 に示す．有線伝送路が同軸ケーブルから広帯域な光ファイバに移行しており，光ファイバ通信を高度化させた光伝達網（OTN）が，電話や需要拡大するインターネットの通信サービスを支えている．

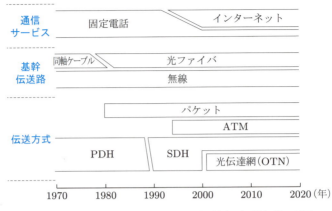

図 6.10　日本の通信サービスにおける伝送路と伝送方式の変遷

6.5　光アクセス系

　家庭やオフィスなどの端末ユーザと通信事業者のセンタ/局を結ぶシステムをアクセス系とよぶ．アクセス系は従来，音声情報が主体で撚り対線が用いられていた．しかし，インターネットの普及に伴う画像情報や高速データなどによる情報量の拡大に対して，銅線では限界が見えてきた．

　そこで，光ファイバの広帯域・低損失特性や低コストを活かして，ブロードバンドサービスがアクセス系に提供されるようになった．光ファイバ技術を家庭やオフィスまで取り込む形態を **FTTH**（fiber to the home）といい，光技術を取り入れた**光アクセス系**が 1990 年代半ばから導入され始めた．これの伝送速度は上り・下りともに 100 Mbps 程度，導入距離は 5～20 km 程度である．アクセス系は基幹系と違って，ユーザあたりの情報量が少ないので，コスト対策が課題であり，1 本の光ファイバを多数のユーザで共有する方式が取り入れられた．

　光アクセス系の構成では，一般にセンタ/局のノードを中心としたスター型（図 1.6(c) 参照）が利用される．光アクセス系でユーザとセンタを結ぶ方式は，経済性を考慮してスター型を変形した，シングルスター，アクティブダブルスター，パッシブダブルスター（PON）の 3 種類が用いられる（図 6.11）．いずれの場合も，エンドユーザ側の光ファイバの先端に，ONU（optical network unit: 光信号を電気信号に変換する装置）を設置する．

　図 (a) のシングルスター（SS: single star）はもっとも簡単な構成で，センタから光ファイバをスター状に分岐させ，ユーザとセンタを 1：1 で結ぶ方式である．これは，

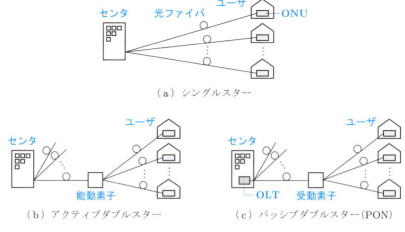

図 6.11　光アクセス系の構成分類

プロトコルを単純化できるが，エンドユーザごとに光ファイバを敷設するので，相対的に高価となる．

　図 (b) のアクティブダブルスター（ADS: active double star）は，センタからスター状に光ファイバを分岐させ，その先に能動素子（遠隔多重装置など）を挿入した後に再度スター状に分岐する方式である．これは能動素子やセンタ内送受信装置を共有できるため，ユーザあたりのコストが低減されるが，能動素子の電源が必要となるなど保守や信頼性で劣る．

　図 (c) のパッシブダブルスター（PDS: passive double star）は，センタからスター状に光ファイバを分岐させ，その先に受動素子（ファイバカップラなどの光分岐素子）を挿入した後に，さらにスター状に光ファイバを分岐する方式であり，PON（passive optical network）ともよばれる．ファイバカップラは複数の光ファイバを溶融して一体化させたもので，$1:N$ の合・分波ができる光素子である．

　PON は，1 本の光ファイバおよびセンタ内の OLT（optical line terminal：電気信号を光信号に変換する装置）を複数のユーザで共有できるので，低コストとなり，高速の光アクセス系として広く導入されている．これは，受動素子を使用するため，小型，高信頼性，電源供給が不要などの利点をもつが，ユーザ数 N の増加で使用帯域が減少する，プロトコルが複雑になるという欠点がある．

　PON では上り（ユーザからセンタ）・下り（センタからユーザ）の伝送に STM や ATM が利用される．ATM-PON（現 B-PON）の双方向伝送では，上りに波長 1.3 μm 帯（O バンド），下りに 1.5 μm 帯（1480〜1580 nm）の CWDM が利用され，最大 32 分岐，156 Mbps の伝送速度が実現されている．

90   6章 光ネットワーク技術

━━━━━━━━━━━━━━━━━━━○ **演習問題** ○━━━━━━━━━

6.1 SDH 方式の特徴を，PDH 方式と比較して説明せよ．

6.2 WDM において，波長 1550 nm で波長間隔を 0.8 nm とする場合，この間隔を周波数に換算するといくらになるか求めよ．

6.3 光パスとその役割について説明せよ．

6.4 OTN はなぜ，どのような考え方で導入されているか，説明せよ．また，SDH との関係も説明せよ．

6.5 光アクセス系における PON の構成を図示し，それが利用されている理由を説明せよ．

6.6 次の用語について説明せよ．

(1) SOH と POH   (2) バーチャルコンテナ   (3) OXC

7章

インターネット

　現代の通信では，コンピュータや通信端末で情報（文書，画像，データなど）を作成し，ほかの通信端末を介して情報を送受する用途が増加しており，しかもそれが世界規模で行われるようになっている．このような情報のやりとりを円滑に行うための情報通信ネットワークがインターネット（internet）である．これは 21 世紀に入っても拡大を続け，社会全般に大きな変革をもたらしている．インターネットは，次章で扱うローカルエリアネットワーク（LAN）間を接続して構成されている．

　7.1 節では，インターネットの概要を説明する．次に 7.2 節では，データ転送を行ううえでの規約であるプロトコルの階層構造を説明した後，インターネットにおける標準的なプロトコルである TCP/IP のプロトコル群の機能を説明する．その後，7.3 節では情報転送の仕組みを，7.4 節では情報を宛先に正確に届けるための IP アドレスを説明する．7.5 節では経路選択を行うルーティングを，7.6 節ではデータ転送装置を紹介する．

7.1　インターネットの概要

　インターネットの起源は，1969 年に米国で始まった ARPANET（advanced research projects agency network）である．これは，有線回線で結んだ異種コンピュータ間で，パケット交換を用いてデータを転送するための実験的ネットワークである．インターネットの中心的プロトコルである TCP/IP の原型は 1978 年に完成し，商用インターネットは米国では 1989 年，日本では 1993 年に開始された．インターネットは 1990 年代後半から爆発的に普及し，21 世紀に入っても拡大しつつある．これの語源は，LAN と LAN の間の相互接続を意味する "internetworking" である．

　インターネットの当初の目的は，通信網の一部が破壊されても通信できることと，実時間性をあまり要求しないデータ転送であり，これに沿った構成がとられた．

　インターネットの構成を図 7.1 に示す．インターネットへの接続を提供する事業者をプロバイダ（インターネットサービスプロバイダ）といい，プロバイダのネットワークの下に，オフィスなどの小規模な LAN や，一般家庭の端末が接続される．インターネットは，プロバイダのほか，携帯電話やコンテンツ配信などを行う通信関連事業者のネットワークや，企業・大学・政府機関などといった組織のネットワークが，それぞれ直接あるいはインターネット相互接続点（IX: internet exchange point）とよばれ

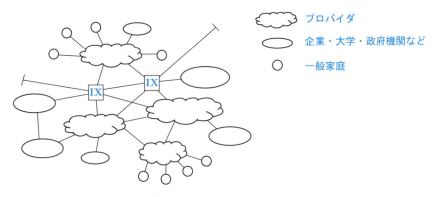

図 7.1　インターネットの構成

る中継点を介して接続された，メッシュ型の構成になっている．そのため，情報は様々な経路を通って宛先に転送される．これらインターネットの中核をなす，比較的大規模なネットワークを**自律システム**（AS: autonomous system）という．各 AS はそれぞれの組織によって自律的に管理されているものの，インターネット全体の一元的な管理は行われていない．

インターネットの標準プロトコルは TCP/IP である．TCP/IP を用いることにより，メーカや機種が異なるコンピュータや通信機器間でも，各種データを効率よく高信頼性で転送できる．そして，TCP/IP プロトコル群により，電子メール，情報検索，ファイル転送など，日常使用している各種の応用が可能となっている．TCP/IP による通信の特徴は，与えられた環境の中でできる限り努力をするが，確実に届く保証がないという点で，このような通信を**ベストエフォート**（best effort: 最善努力）**型通信**とよぶ．これは「送信し祈る（send and pray）」とよばれたこともある．

インターネットによるトラフィックは，2000 年代初頭には，音声トラフィックを超えたといわれている．このような大量の情報量を低コストで転送できているのは，光ファイバの広帯域性によるところが大きい．光ファイバ通信技術の進展に応じて，インターネットや LAN の規格が見直され，高速データ転送が可能となっている．

個人がインターネットを利用して外部と通信を行う場合には，各人がプロバイダとよばれる通信事業者と契約して加入する．この通信事業者は国内や世界を対象とした広い地域でネットワークを構築しており，国際標準に基づいて運用している．これを**広域ネットワーク**（WAN）とよぶ（9.3 節参照）．

── インターネットの特徴 ──
（i）システム全体が自律・分散的にはたらいている．

（ii）データ転送の経路が固定されていないため，災害や障害が発生しても，その影響がシステム全体に波及しにくい．

（iii）分散性のため，システムの部分的な改良や変更が容易で，新規技術の導入による性能向上に適する．また，新規通信サービスの提供に対しても柔軟に対応できる．

（iv）情報が届かないことがある，通信速度が一定でないなど，通信品質が必ずしも保証されていない．

7.2 インターネットにおけるプロトコル

インターネットでの情報は，広義のパケットの形で転送され，通信ネットワークを通じて宛先に送り届けられる．この際，異種のコンピュータや通信機器間でも，また通信媒体の種類によらず，つまりハードウェアに依存することなく，情報が送受できる必要がある．そのため，ソフトウェアで動作するようになっており，データをやりとりするうえでの通信規約を**プロトコル**という．

7.2.1 プロトコルの階層構造

インターネットでのプロトコルの階層構造と OSI 参照モデルとの対応を表 7.1 に示す．インターネットのプロトコルは，効率を重視して 4 階層に分けられており，これを TCP/IP モデルという．

端末での操作に対して，電子メール，WWW，ファイル転送などの様々な用途ごとに個別のプロトコルが使用され，アプリケーション層での情報となる．これらはトラ

表 7.1 TCP/IP モデルと OSI 参照モデルの階層構成

OSI 参照モデル		TCP/IP モデル		
No.	層の名称	層の名称	プロトコルの例	データの基本単位
7	アプリケーション層	アプリケーション層	HTTP，SMTP，FTP，TELNET，DNS，SIP，MIME，NFS	メッセージ
6	プレゼンテーション層			
5	セッション層			
4	トランスポート層	トランスポート層	TCP，UDP	TCP セグメント，UDP データグラム
3	ネットワーク層	インターネット層	IP	IP データグラム
2	データリンク層	ネットワークインターフェース層	Ethernet，FDDI，トークンリング，HDLC，PPP	フレーム
1	物理層			

94 7章 インターネット

ンスポート層を介して情報を下位層に送信したり，下位層からの情報を処理したりする．アプリケーション層からの情報は広義のパケットに小分けされ，IP アドレス（7.4 節参照）を用いて宛先に転送される．

パケット転送で中心的な役割を果たすプロトコルが，トランスポート層の TCP とインターネット層の IP である．これら二つの標準プロトコルを TCP/IP（transmission control protocol / internet protocol）とよび，これは UDP などのインターネットで利用される，ほかのプロトコルも含めたプロトコル群の名称にもなっている．ネットワークインターフェース層は，次章で説明する LAN と密接に関係している．

7.2.2 TCP/IP における TCP の機能

TCP（transmission control protocol）はトランスポート層（OSI 参照モデル第 4 層に対応）におけるコネクション型プロトコルである．これは送受信間でのデータの信頼性を確保する作業を行っている（表 7.2）．信頼性に属する作業として，パケットの到着確認・再送制御，誤り検出とその訂正，フロー制御，輻輳回避制御などがある．

表 7.2 TCP/IP における役割分担

トランスポート層	コネクション型	
TCP	信頼性確保	送達確認，誤り制御，順序制御，フロー制御
インターネット層	コネクションレス型	
IP	転送機能	データ分割，経路制御，中継機能

TCP では，データ送信をする前に相手側通信機器との間で通信開始の確認を行い，まずコネクション（接続）を確立する．その後，受信側ではデータを受信するたびに，送達確認のための ACK 信号（肯定的確認応答: acknowledgment）や NAK 信号（否定的確認応答: negative acknowledgment）を送信側に返送する操作を行ってデータの送受信を行い，終了後に接続を解放する．

コネクション確立時の具体的作業は，情報が分割されたパケットごとにシーケンス番号（各データの順序番号）を付けておき，到着確認や順序制御を行うことである．受信側では，データが紛失されていれば再送要求をし，また随時に到着したパケットの並び替えをするなどして，データ転送の信頼性を高める．TCP におけるアプリケーションごとのコネクションの区別は，送受信端末（ホスト）の IP アドレスとポート番号（7.2.5 項参照）により行われている．

7.2.3 TCP/IP における IP の機能

IP（internet protocol）はインターネット層（OSI 参照モデル第 3 層に対応）におけ

7.2　インターネットにおけるプロトコル　　*95*

るコネクションレス型プロトコルである．IP は，規格の異なるデータリンク層（OSI
参照モデル第 2 層に対応）に属するネットワーク間でのデータ転送も可能にするもの
で，分散制御に適している．IP はデータ分割や経路制御，中継機能など，情報を宛先
に届けるという転送機能を担っている（表 7.2 参照）．

　IP は機能の簡素化により処理速度の高速化を図っている．しかし，情報の到着確
認や順序制御機能が備わっていないため，IP 単独ではパケットの到着を保証できず，
信頼性確保は TCP に委ねている．つまり，TCP と IP が役割分担をして，信頼性の
高い高速データ転送を行っている．

7.2.4　TCP/IP における UDP の機能

　UDP（user datagram protocol）はトランスポート層におけるコネクションレス型
プロトコルである．UDP は高速のデータ転送を目的としたもので，ヘッダ長も 8 バ
イトと TCP に比べて短く，簡易型で単純作業が多い．ヘッダには送受信側ポート番
号が記載されている．

　UDP はアプリケーション層から送られたデータを，UDP のペイロード部に格納し
て，ネットワーク層に送出する機能と，その逆の機能を担う．UDP は誤り検出機能
をもつが，高速性を優先させるため，フロー制御・輻輳制御・再送要求などの機能を
もたず，応答確認を行わないので信頼性は TCP より落ちる．

　UDP は，IP 電話や動画転送のように実時間処理を要求される情報，あるいは 1 パ
ケット程度の短いデータや発生頻度の少ないデータの転送に適する．UDP は，イン
ターネットにおけるマルチメディアサービスの拡充に伴って，RTP（9.2 節参照）と
組み合わせた利用が増加している．

7.2.5　アプリケーションプロトコルに対するポート番号

　トランスポート層で TCP や UDP を扱う際，各種アプリケーションを識別する必
要がある．このためにヘッダに記載される論理的な番号を**ポート番号**（port ID）とい
い，16 ビットで表示される．ポート番号には常用ポート番号と登録済みポート番号，

表7.3　おもな応用プロトコルに対する常用ポート番号

ポート番号	応用プロトコル	フルスペル	種　別	用　途
21	FTP	file transfer protocol	TCP, UDP	ファイル転送
23	TELNET		TCP	平文用の遠隔制御
25	SMTP	simple mail transport protocol	TCP, UDP	電子メール送信
80	HTTP	hyper text transfer protocol	TCP, UDP	Web サービス
110	POP3	post office protocol version 3	TCP	メールのダウンロード

未使用番号の3種類がある．常用ポート番号（well-known port ID）は広く使用されている応用プロトコルに対して付与されているもので0〜1023，登録済みポート番号は1024〜約5000である．おもな応用プロトコルと常用ポート番号の関係および用途は，表7.3のようになっている．

7.3 インターネットにおける情報転送

端末等で作成された文書や画像情報などは，コンピュータが解釈できるように，「1」と「0」からなる2値符号列に変換される．この符号列は一定の大きさの「広義のパケット」に小分けされ，宛先情報を付加してパケット交換で転送される．

TCP/IPでは各階層が独立しており，パケットの呼び名や大きさが各階層で異なる．各層におけるデータの基本単位は，トランスポート層ではTCPセグメント，インターネット層ではIPデータグラムまたはIPパケット，ネットワークインターフェース層（OSI参照モデルの第2層）ではフレームとよばれる（図7.2）．

インターネットでは，IPアドレスを参照してルータ（7.6節参照）で情報が転送される．受信側では到着した広義のパケットが再構成され，文書や画像情報が復元される．このような作業を，おもにTCPとIPが協力して行う．

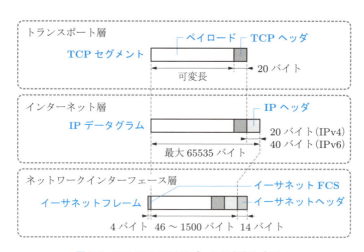

図7.2　TCP/IPにおけるデータの名称と大きさ

情報が上の層から下の層へ向かうときは，ヘッダを付加しつつ渡されていき，下の層から上の層へ向かうときは，ヘッダを外しつつ渡されていく．ネットワークインターフェース層では，トレーラの付け外しも行われる．図はイーサネットを用いた場合で，FCSがトレーラに該当する．IPヘッダはIPv4では20バイト，IPv6では40バイト．

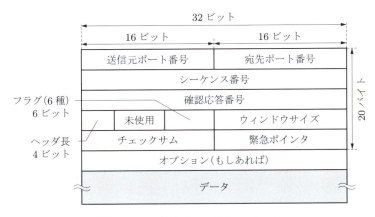

図7.3 TCPセグメントのフォーマット

TCPセグメント (TCP segment) はTCPヘッダ, オプション, ペイロード (データ部) から構成されている (図7.3). TCPヘッダ長は20バイトで, そこに宛先・送信元ポート番号, シーケンス番号, TCPヘッダ長, チェックサムなどが記載されている. これを基にして転送処理が行われる. TCPセグメントは, 下位層のIPデータグラムのペイロードに収容されるので, それでセグメントの最大データ長が決まる.

IPデータグラム (IP datagram) はIPヘッダとペイロード (データ部) から構成されている (図7.4). IPヘッダ長はIPv4では20バイト, IPv6では40バイトであり, ここにIPのバージョン番号, 宛先・送信元のIPアドレスやデータグラム (ペイロード) 長が記載される. データグラム長 (バイト単位) は16ビットで表されるから, IPデータグラム全長は最大65535 ($=2^{16}-1$) バイトとなる.

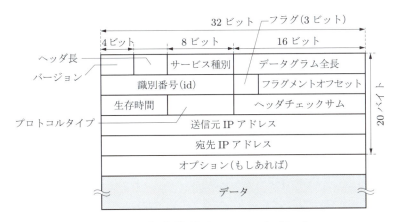

図7.4 IPデータグラムのフォーマット (IPv4)

通信機器やホスト端末では，一度に送受信できるデータの最大サイズが決まっている．データ転送が可能な，IP ヘッダを含めた IP データグラムの最大値を MTU（maximum transmission unit）とよぶ．MTU の値はデータリンク層のプロトコルによって異なるが，よく用いられるイーサネットフレーム（8.4.1 項参照）では，MTU が 1500 バイトとなっている（図 7.2 参照）．一方，IP 分割を発生させることなく，ユーザがホスト端末で受け取れる最大セグメント長を MSS（maximum segment size: TCP ヘッダを含めないデータの最大値）という．MSS は，大抵の場合，MTU の設定にならって 1460（= 1500 − 20 − 20）バイトとなっている．

したがって，データの大きさが MTU や MSS を超えている場合には，これらを分割して転送する必要がある．IP ベースでの分割を**フラグメンテーション**（fragmentation，図 7.5），TCP ベースでの分割を**セグメンテーション**（segmentation）とよぶ．フレームをデータリンク層で転送後，再組み立てを行って，IP データグラムや TCP セグメントを復元する．

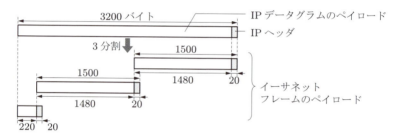

図 7.5　IP データグラムのフラグメンテーション
分割したイーサネットフレームのペイロードには，もとの IP データグラムと同じ識別番号の IP ヘッダが記載される．図は IPv4 の場合．

IP データグラムの転送形式はデータグラム方式である（4.4.2 項参照）．これを転送するルータでは，パケット交換（4.4.1 項参照）が利用される．情報を宛先に届けるため，データの頭に IP ヘッダを付加し，そこに宛先と送信元 IP アドレスを書き込む．データは IP アドレスを手掛かりとして，転送表（7.5 節参照）を参照して転送経路を決め，宛先まで転送される．そのため，もとは同じ情報でも，IP データグラムは同じ経路で転送される保証がなく，また途中で消失する恐れがあるため，受信側では順序制御や再送要求をする必要があり，これを TCP が行う．

例題 7.1　3200 バイトの IP データグラムをイーサネットフレームに載せる場合，IP データグラムのペイロードは，どのように分割されてイーサネットフレームに収容されるか．ただし，IPv4 とせよ．

解答 IPv4 の IP ヘッダは 20 バイトであるので，IP データグラムのペイロードは 3200−20＝3180 バイトである．イーサネットフレームに収容する場合の MTU は 1500 バイトだから，三つのフレームを必要とする．各フレームには同じ識別番号をもつ IP ヘッダが記載されるので，そのうちの二つには，IP データグラムのペイロードが 1500−20＝1480 バイト収容され，三つ目には 3180−1480·2＝220 バイト収容される（図 7.5 参照）．

7.4 IP アドレス

インターネットでは，各階層が独立して広義のパケットを転送するから，情報を宛先に誤りなく転送するため，電話番号に相当するものが必要となる．そのため，パケットの先頭に階層レベルに応じてヘッダとよばれる宛先情報を付加する（図 7.2 参照）．TCP/IP ではインターネット層の IP アドレスと，ネットワークインターフェース層の MAC アドレス（8.4.2 項参照）が対になって，パケットが転送される．

IP アドレス（IP address）は，データ転送時に個々の端末（ホスト）を識別するために用いられる論理アドレスであり，インターネット層におけるデータに付加されるヘッダに書き込まれる．

IP アドレスには 2 種類ある．一つ目はインターネットに接続する全端末がそれぞれ固有にもつアドレスで，これを**グローバルアドレス**（global address）という．グローバルアドレスは世界で唯一の値であり，重複しないように管理団体によって割り当てられる．まず，管理団体が，プロバイダなどの主要なネットワークを管理・運営する組織に，それぞれのネットワークを表すネットワークアドレスを割り当てる．そして，各組織がそのネットワークに接続するホストに個別のアドレスを割り当てるという階層的な管理がなされている．

二つ目は，企業などの限られたネットワーク内でのみ使用可能な IP アドレスで，これを**プライベートアドレス**（private address）とよび，自由に割り当てることができる（9.3.1 項参照）．

IP アドレスには従来 IPv4 が用いられていたが，急増するインターネット需要のためアドレスが枯渇してきた．そこで，この状況を打開するため，1995 年に IPv6 が取り決められ，現在は両方使用されている．

7.4.1 IP アドレスの表記

IPv4（internet protocol version 4）アドレスは，8 ビット（1 オクテット）ごとに四つの区画に分けられ，全体として 32 ビットの 2 進数で表される（図 7.4 参照）．IPv4

アドレスは通常，各区画で 2 進数を 10 進数に変換し，その間を "." で区切る，ドット付き 10 進数で表される．たとえば，下記の IP アドレスは同一である．

　　　11000000 00000000 00000010 10001101 　（2 進数表記）

　　　192.0.2.141 　（ドット付き 10 進数表記）

IPv4 で利用可能なアドレスは約 43 億（4.3×10^9）個である．

　一方，IPv6 アドレスは 16 ビット（2 オクテット）ごとに八つの区画に分けられ，全体として 128 ビットのビット列である．利用可能なアドレスが約 3.4×10^{38} 個であり，ほぼ無尽蔵といえる．IPv6 では各区画を ":" で区切り，コロン付き 16 進数（最小値 0000〜最大値 FFFF）で表示する．短く表示するため，"0000" を "0" と書き，連続する "0" の区画は省略でき，その部分を "::" と書けるが，この省略は一つのアドレスに対して 1 回しか使えない．

　従来の IPv4 を IPv6 で表示するには，IPv4 の上位に 96 ビット（12 オクテット）ぶんの 0 を追加して 128 ビットとなるようにする．たとえば，IPv4 の 192.0.2.141 は，IPv6 では

　　　0:0:0:0:0:0:C000:028D（16 進数表記）　または　::C000:028D

と書ける（例題 7.2 参照）．これは 10 進数を用いて

　　　::192.0.2.141

と表記することも許容されている．

┌─ **IPv6の特徴（IPv4との比較）** ─

（i）IPv6 の導入段階では，伝送路として高品質な光ファイバがすでに使用され，伝送誤りが少なくなっていたため，ヘッダが簡略化されている．

（ii）転送の優先度を細かく設定して，サービス品質の差別化をしている．

（iii）セキュリティ対策の強化のため，認証ヘッダや暗号化実装などを備えている（9.4.2 項参照）．

（iv）未割り当てのアドレスが多く，今後の拡張に対して十分対応できる．

例題 7.2　IPv4 のアドレス 192.0.2.141 が，IPv6 では "0:0:0:0:0:0:C000:028D" または "::C000:028D" と書けることを示せ．

解答　10 進数での 192 は $192 = 128 + 64 = 2^7 + 2^6$ と書け，2 進数では 1100 0000 となる．2 進数での上・下位 4 ビットがそれぞれ 16 進数に対応するから，これは 16 進数で C0 と書ける．10 進数での 141 は $141 = 128 + 8 + 4 + 1 = 2^7 + 2^3 + 2^2 + 2^0$ で，2 進数では 1000 1101 となり，16 進数で 8D と書ける．10 進数での 0 と 2 はそれぞれ 00，02 と表記する．

7.4.2 ネットワークのサブネット化

　情報を転送する場合，IPアドレスが同一のネットワーク内か否かによって転送の仕方が異なるので，IPアドレスからネットワークを判別することが重要となる．ここでのネットワークとは，LANなどのグループ化された団体を意味する．IPアドレスによる伝達形式にはユニキャストアドレス（1対1の通信用），マルチキャストアドレス（指定されたアドレス群への1対多通信用），ブロードキャストアドレス（局所的ネットワークに接続された全機器への一斉同報配信用，これはIPv4のみ）があるが，以下ではユニキャストアドレスのみを説明する．

　ユニキャストアドレスの場合，個別のネットワークをIPアドレスの先頭からの一定ビット数で判別し，残り後半のビットで個別ネットワーク内の各ホストを区別する．これらは，IPv4ではネットワーク部とホスト部，IPv6ではサブネットプリフィックスとインターフェースIDに対応する（図7.6）．ネットワーク部/サブネットプリフィックスは，各ネットワークに重複することなく異なる値が割り当てられる．一方，ホスト部/インターフェースIDは同一ネットワーク内のホストに対して異なる値が設定される．

図7.6　IPアドレスのネットワーク区分

　IPv4アドレスでは当初，先頭部分の1～4ビットでクラスA～Eを区分し，残りのビットで，前半にネットワーク部，後半にホスト部を割り当てていた．これをクラスフル方式とよぶ．この方式では区分のためにビットが使用され，また各クラスに割り当てられるネットワーク数が固定されたり，割り当てられるホスト数が非現実的なほど多すぎたりで，アドレス空間の使用効率が悪く，改善が求められた．

　そこで，アドレス空間を有効利用するため，**クラスレス**（classless）**方式**が考案された．この方式では，クラスフル方式のクラスA，B，Cに属する一つのネットワーク内のホスト部を，複数の小さな論理的なネットワークに分割する．分割されたネットワークを**サブネット**（subnet）とよぶ．もとのネットワーク部とサブネット部を合わせたものを広義のネットワーク部とよぶ．広義のネットワーク部を示す方法に，サブネットマスクを使う方法とプリフィックス長を使う方法がある．

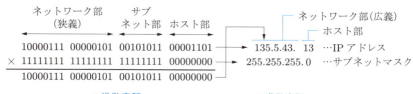

図 7.7 IP アドレスのサブネットマスクによる計算例（IPv4）

ネットワーク部の最初の2ビットはクラスBを表す識別子で，クラスBでのネットワーク部は16ビットである．この例では「135.5.43.13 255.255.255.0」と表記する．

IPv4のサブネットマスクの例を図7.7に示す．最初の16桁が狭義のネットワーク部，次の8桁がサブネット部，最後の8桁がホスト部である．**サブネットマスク**とは，広義のネットワーク部をすべて「1」に，ホスト部をすべて「0」にした番号である．2進数表記のIPアドレスとサブネットマスクの各桁に対して論理積をとり，これをドット付き10進数表記にすると，広義のネットワーク部が求められる．この例では，サブネット化により，指定できるホスト数が65534（$=2^{16}-2$）から254（$=2^8-2$）に減少している．なお，ホスト部のビットがすべて0はネットワーク自体を指すネットワークアドレス，すべて1はブロードキャストアドレスであり，いずれもホストに指定できない．

プリフィックス長を用いる方法を図7.8に示す．この方法では，広義のネットワーク部を指定するのに上位のビット数を用い，そのビット数を**プリフィックス長**とよび，その値を"/"に続けて記載する．図の例で"/24"を**ネットマスク**とよぶ．ネットワーク部より後ろがホスト部を表す．IPv4では，プリフィックス長が24であれば，ホスト部が254（$=2^{(32-24)}-2$，最小値1～最大値254）個設定できる．このような表示方法を可変長サブネットマスク（VLSM: variable length subnet mask）とよぶ．現在のIPv4とIPv6では，クラスフル方式よりクラスレス方式の方が一般的である．

ネットワーク部/サブネットプリフィックスが同じIPアドレスは，同一のネット

図 7.8 IP アドレスの表記（プリフィックス長を用いる方法）

ワークに属するから，データリンク層で直接転送することができる．そうでないときは，経路表に従い，次のルータへ転送する．

クラスレス方式では，アドレス空間が効率的に使用できるだけでなく，アドレスをプリフィックス長で体系化して整理できるようになった．そのため，ルーティングにおける経路表のエントリ数が極端に減り，経路表作成の負担が軽減される．これを利用するルーティングを CIDR（サイダー）とよぶ（7.5 節参照）．

7.5 ルーティング

送信者の情報は，分割されたデータに付与された宛先情報に基づいて，データが転送され宛先に届けられる．この転送経路は転送の都度，経路表を参照して多くの経路の中から選択・決定される．この経路制御を**ルーティング**（routing）という．**経路表**（**ルーティングテーブル**: routing table）は経路選択のために，宛先ネットワーク別の次のルータとそこまでの距離指数を書いた表である．

ルーティングには，管理者が手動で設定した経路表を固定的に使用する**静的ルーティング**と，時間的に変化するトラフィックの情報を収集して，経路表を更新しながら経路を決める**動的ルーティング**がある．これらが併用される場合もある．

静的ルーティングは経路が固定されているので，故障や輻輳などへの対応が遅れるが，トラフィックを意図的に分散させることができ，情報収集のための経費がかからない．動的ルーティングは，災害や故障時には迂回経路に自動的に切り替えられるため，システムの信頼性が高いが，経路でのトラフィック情報を収集するための設備と経費が必要となる．

動的ルーティングに用いられるプロトコルには，小・中規模の自律システム（AS）内で使用される RIP（routing information protocol），中・大規模の AS 内で使用される OSPF（open shortest path first），AS 間での経路情報の交換に利用される BGP（border gateway protocol）などがある．これらは各プロトコル固有の距離計算をして経路選択をしている．

CIDR（classless inter-domain routing）による経路表作成を次に説明する（図 7.9）．たとえば，IPv4 における四つのアドレス 192.0.4.0/24〜192.0.7.0/24 が，ルータ 2 から 1 へ転送されるとする．このとき，上位 22 ビットが共通のネットワーク部であるから，192.0.4.0/22 とプリフィックス長を 2 減らしても，実質的には同じ内容を意味する．したがって，ルータ 2 の経路表に記載するエントリ数を 4 から 1 に削減でき，経路表作成の負担が軽減される．このように，プリフィックスが共通するネットワーク部を一つにまとめることを，**集約**または**アドレス集約**という．

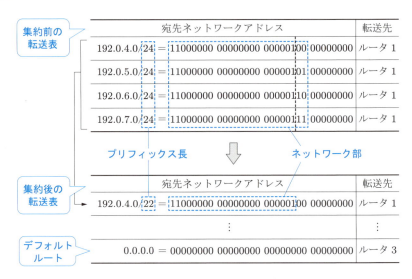

図 7.9　CIDR による IP アドレスの転送表

経路表で転送先 IP アドレスに一致するエントリがない場合に選択される経路をデフォルトルートとよぶ．これは IPv4 では 0.0.0.0/0，IPv6 では ::/0 と表示され，全宛先を表すことに相当する．

7.6　データ転送機器

パケットなどのデータを転送する場合，階層や機能に応じて，異なる転送機器が使用される．図 7.10 に，各転送機器と OSI 参照モデルとの関係を示す．LAN と LAN

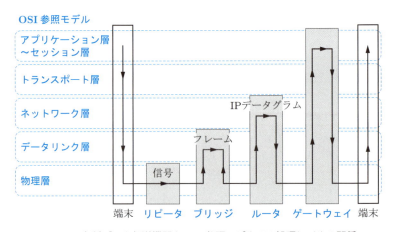

図 7.10　各種データ転送機器と OSI 参照モデルでの処理レベルの関係

の間でのデータ転送に使用できるのはルータとゲートウェイである．データリンク層以下で使用するのがリピータとブリッジである．

ルータ（router）は，インターネットやその他のネットワーク中継で中核的な役割を果たすデータ転送装置であり，OSI 参照モデルにおけるネットワーク層（TCP/IP でのインターネット層）に適合する．ルータは異種のネットワークを相互接続して，IP アドレスに基づいて IP データグラムの形でデータを転送できる．ルータのおもな機能は経路制御である．これはネットワークの輻輳具合を勘案し，経路表を参照して最短経路を選択し，パケットが経由すべき次のルータを判断しながら情報を宛先に誤りなく転送する．現在は，ハードウェア制御で高速の IP ルーティングが行われている．

ゲートウェイ（gateway）は，トランスポート層以上のすべての層で，通信ネットワーク間でのデータ転送処理を行える通信機器である．これは，トランスポート層で付加される，アプリケーションソフトのポート番号を記入したヘッダを識別できる．ゲートウェイは，異種のプロトコルの解読・変換作業を行うことにより，送信されてきたパケットヘッダをすべて理解して中継・転送できるため，特定のネットワークと外部との接点などで使用されることが多い．携帯電話からインターネットへアクセスするときも，ゲートウェイを介して行われる．ゲートウェイがあるために，異なる LAN どうしの接続や，異なるプロトコルを使用するコンピュータ間でのデータの送受が可能となっている．

ブリッジ（bridge）はデータリンク層におけるデータ転送機器である．これは機能的には**スイッチングハブ**（switching hub）つまり**レイヤ2スイッチ**とほぼ同じであるが，後者は複数のポートをもつ．これは，フレームを転送する機能をもち，ブリッジで接続されたネットワークでは MAC アドレス（8.4.2 項参照）だけで通信できる．ブリッジはフレームを転送するだけでなく，誤りがあればそのフレームを破棄する．これはフレームをいったん蓄積するので，種類や伝送速度の異なる通信媒体間でも接続できる．また，特定の MAC アドレスの通過・遮断を行うフィルタリングもでき，転送効率が上がる．スイッチングハブは段数制限がなく，大規模 LAN への拡張が可能であり，仮想 LAN（8.5.2 項参照）が実現されている．

リピータ（repeater）は物理層での信号転送を行う機器である．これは，減衰した信号の「1」と「0」を識別して，増幅や波形整形をしながら信号の再生転送をする．通信距離を延長する際に用いるが，延長には段数制限がある．イーサネットなどで複数の端末を接続する際に利用されるハブもリピータの一種である．

106　7章　インターネット

○── **演習問題** ──○

7.1 TCP/IP でデータ転送されるとき，TCP と IP の役割分担を説明せよ．

7.2 次の各機能が TCP と UDP のいずれに属するか，区分けせよ．

① 誤り検出・訂正　② パケットの高速転送　③ フロー制御

④ パケットの到着確認　⑤ 誤り検出　⑥ コネクションレス型通信

7.3 アプリケーション層から X バイトのデータが TCP に送られ，ネットワークインターフェース層でイーサネットを利用して転送する場合，セグメンテーションとフラグメンテーションでのデータ分割について，必要なイーサネットフレームの数 m を求める式を示せ．また，$X=50000$ に対する m を求めよ．ただし，X は IP データグラムの最大長より小さく，IPv4 とする．

7.4 IPv4 のアドレス 192.140.70.5 を IPv6 で示せ．

7.5 IPv4 のアドレスに関する次の問いに答えよ．

（1）166.17.0.0/16 を 2 進数表記にせよ．

（2）上記アドレスを四つのサブネットに分割し，2 進数表記とプリフィックス長方式のドット付き 10 進数表記で示せ．

7.6 ルータの機能について説明せよ．

7.7 次の用語について説明せよ．

（1）フラグメンテーション　（2）ポート番号　（3）ゲートウェイ

8章 ローカルエリアネットワーク(LAN)

　ローカルエリアネットワークとは，企業や大学などの閉じた組織内で，複数のコンピュータ（PC を含む）や通信機器間を接続して通信を行うための構内ネットワークである．これが相互に接続されて，前章で述べたインターネットが構成されている．

　8.1 節では LAN の歴史や使用形態，規格などの概要を述べる．8.2 節では LAN でよく使われる各種規格の位置づけを説明する．8.3〜8.5 節では，LAN での主要プロトコルであるイーサネットについて，その通信規格や信号伝送，構成などを少し詳しく説明する．8.6 節では有線 LAN の規格であるトークンリングと FDDI を紹介する．8.7 節では使用が伸びている無線 LAN を，8.8 節では LAN の拡張を説明する．

8.1　LAN の概要

　ローカルエリアネットワーク（LAN: local area network）は，利用主体が自ら通信回線や機器を所有して通信システムを構築するものであり，システム管理者が LAN 内のみで通用する規約の下でシステムを運用して，データなどの情報の送受や共有を行う．LAN が有用になっているのは，LAN 内の通信機器が接続されて情報がやりとりできるだけでなく，LAN と LAN が相互に接続されて，インターネットとして世界規模で通信サービスを受けられるからである．

　LAN の端緒であるイーサネットの起源は，ALOHA システムのアイデアに基づいて，1973 年に Xerox 社が開発した，ワークステーション接続用の CSMA/CD 方式を用いたバス型 LAN である．Xerox 社は DEC 社，Intel 社と協力して開発を進め，1980 年に業界標準である DIX 規格（仕様）のイーサネットを発表した．LAN での規格にはほかに，トークンリングや FDDI などがある．各 LAN が勝手に運用していたのでは，相互に接続できない．そこで，相互接続を可能とするため，システムやプロトコルの標準化が IEEE 802 委員会などでなされ，技術の進展に応じて改訂されている．

　LAN は，ユーザが主体となって，PC などの端末を接続して構築したネットワークである．これは企業のオフィスや研究所の建物内など，限られた範囲のものを指し，伝送路として撚り対線が多く使用されている．現在ではほとんどの LAN が，使いや

すさなどを支持されたイーサネットで構築されている．イーサネットの伝送速度は，規格の種類によって異なり，現状は 10 Mbps～100 Gbps 程度となっている．

> **LANの特徴**
> （i）ユーザが主体となってシステムを構築・管理しており，LAN 内でのシステム変更が自由にできる．
> （ii）限定された範囲内において，PC など様々な通信端末間で自由に情報がやりとりできる．
> （iii）ほとんどの LAN はイーサネットで構築されている．

8.2　各種 LAN 向け規格の位置づけ

LAN によく使われる規格は既述のように，OSI 参照モデルでの下位 2 層でのデータのやりとりを規定している．これは上位層から受け取ったパケットを，受信側端末まで届ける作業を行う．

有線方式のイーサネット，トークンリング，FDDI と，無線 LAN の規格と各層との関係を図 8.1 に示す．イーサネットでは，DIX 規格（Ethernet II）のほかに IEEE802.3 規格などもある．データリンク層での機能は，ネットワーク層に近い論理リンク制御（LLC: logical link control）副層とデータリンク層内での下位にある媒体アクセス制御（MAC: media access control）副層に分けられる．

LLC 副層は上位のネットワーク層とデータの受け渡しを行い，MAC 副層とを結び付ける．LLC 副層は，MAC 副層の違いを吸収し，論理的な接続を確立するためにあ

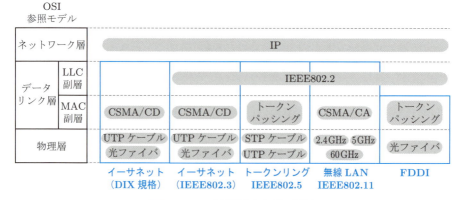

図 8.1　LAN 向け規格と各層の関係

るが，現在ではほとんどの LAN がイーサネットなので，あまり意味をもたない．MAC 副層は，データリンク層で情報を送受するときの信号の基本単位である，フレームのフォーマット，送受信方法，誤り検出などを規定しており，これは LAN ごとに異なっている．

　LAN は物理層での伝送路選択，伝送方式なども規定しており，伝送速度に応じて撚り対線，光ファイバ，同軸ケーブルを使い分ける．

　以下では，LAN で広く用いられているイーサネットを詳しく説明し，その他の有線方式は 8.6 節で，無線 LAN は 8.7 節で説明する．

8.3　イーサネットとその通信規格

　イーサネット（Ethernet）は LAN の基幹技術であり，幅広く使用されている．イーサネットは 1980 年代において，IEEE802.3 規格で標準化が進められた．これは OSI 参照モデルにおける下位 2 層（データリンク層と物理層），つまり TCP/IP ではネットワークインターフェース層における，可変長のデータパケットを運ぶのに最適なフレーム形式，伝送路選択，伝送方式などを規定している．

　イーサネットでの通信媒体は，1980 年頃には同軸ケーブルや撚り対線が主体であった．初期の規格には，伝送速度 10 Mbps の 10BASE5（1983 年標準化）や 10BASE-T（1990 年標準化）などがあった．その後，光ファイバ規格が 1995 年に 100 Mbps，1998 年に 1 Gbps，2010 年に 40 Gbps と 100 Gbps で標準化された．

　光ファイバ通信技術の進展に伴い，光ファイバがイーサネットの高速化を先導しており，100 Mbps は高速イーサネット，1 Gbps 以上は**ギガビットイーサネット**とよばれる．また，構成が初期のバス型からスター型に移行している（8.5 節参照）．

　イーサネットの規格は通信媒体とともに決められ，

$$\boxed{\alpha\text{BASE-}\beta}$$

のように表示されている（表 8.1）．α は伝送速度 [Mbps 単位] であるが，10 Gbps 以上では「10G」，「40G」，「100G」がある．BASE はベースバンド伝送，BROAD はブロードバンド伝送を意味するが，ほとんどが BASE である．β はケーブルの種類や最大長など，使用する通信媒体の規格別に付けられている．

　光ファイバでは β に対し「F」，「R」（従来のフレーム構成のまま伝送する方式），「W」（SONET/SDH のフレーム構成を使う方式）を使用する．波長帯によりその前に 850 nm では「S」（short wavelength:短波長），1310 nm では「L」（long wavelength：長波長），1550 nm では「E」（extended long wavelength：超長波長）を付す（各波長の根拠は 5.3 節参照）．100BASE-FX における物理層の規格は FDDI（8.6.2 項参照）

8章　ローカルエリアネットワーク（LAN）

表 8.1　イーサネットでのおもな規格

規　格	ケーブル種別	最大長 [m]	トポロジー	備　考
10BASE5	同軸ケーブル	500	バス型	現在あまり使用されていない
10BASE2	同軸ケーブル	185		現在あまり使用されていない
10BASE-T	撚り対線	100	スター型	全二重通信
100BASE-TX	UTP ケーブル	100		広く普及している
1000BASE-T	UTP ケーブル	100		普及している
100BASE-FX	光ファイバ	多モード：2 k		波長 1300 nm
1000BASE-SX	光ファイバ	多モード：550		波長 850 nm
1000BASE-LX		単一モード：5 k		波長 1310 nm
10GBASE-T	UTP ケーブル	100		普及し始め
10GBASE-SR	光ファイバ	多モード：300/550		波長 850 nm
10GBASE-LR		単一モード：10 k		波長 1310 nm
10GBASE-ER		単一モード：40 k		波長 1550 nm
100GBASE-LR4	光ファイバ	単一モード：10 k		波長分割多重，O バンド
100GBASE-ER4		単一モード：40 k		（25 G×4）

から流用されている．100GBASE-LR4 と 100GBASE-ER4 は，1300 nm 近傍の 4 波長を多重化した方式で，WAN に用いられる．

　ディジタル信号を用いる場合，既述のように，伝送路の性質によって好ましい伝送路符号形式が異なる（2.5.2 項参照）．10BASE5 や 10BASE-T ではマンチェスタ符号が，100BASE-FX や 1000BASE-SX/LX では NRZ が用いられている．冗長符号として，100BASE-TX，100BASE-FX や FDDI では 4B/5B 符号が，1000BASE-SX/LX では 8B/10B 符号が，10GBASE-R と 10GBASE-W では 64B/66B 符号が使用されている．

　現在は，伝送速度・距離に応じて，おもに安価な UTP ケーブルと光ファイバが使い分けられている．使用可能な最大距離は，UTP ケーブルでは 100 m であるが，単一モード光ファイバでは 10 km 以上ある．10GBASE-R とほぼ同じ仕様の 10GBASE-W は，SONET/SDH の仕様に合わせることで，WAN に使用されている．

例題 8.1　100BASE-TX と 10GBASE-ER を用いて 1500 バイトのデータを転送する場合，それぞれの所要時間を求めよ．

解答　1500 バイトは 1500・8＝12000 ビットである．表 8.1 を用いて，100BASE-TX の場合の伝送速度は 100 Mbps だから，所要時間が $12000/(100 \times 10^6)$ s＝120 μs となる．10GBASE-ER の場合の伝送速度は 10 Gbps だから，$12000/(10 \times 10^9)$ s＝1.2 μs となる．

8.4 イーサネットでのデータ転送

8.4.1 イーサネットのフレーム構造

イーサネットのフレーム構造を図 8.2 に示す．このフレームは MAC フレームともよばれる．プリアンブル（preamble）はフレームの境目を示すためにある．DIX 規格では「1」と「0」を交互に繰り返し，64 ビット目を「1」とする．IEEE802.3 規格ではプリアンブルとして符号列「10101010」を 7 回繰り返し，その次の符号列「10101011」をデータの開始位置を示す SFD（start frame delimiter）として区別するが，結局 DIX 規格と同じになり，SFD も含めてプリアンブルとよばれることがある．受信側ではビット列の位置で同期をとる（**ビット同期**）．

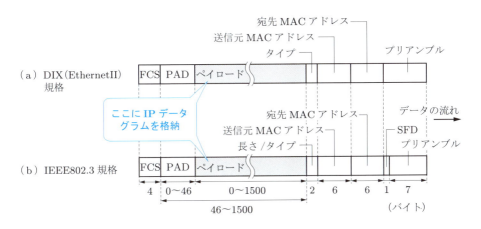

図 8.2 イーサネットのフレーム構造

フレームのヘッダ長は 14 バイトであり，ヘッダ内の宛先と送信元アドレスには，通信機器を判別するためのアドレスが記載される．これは MAC 副層レベルでの識別に使われるので MAC アドレス（8.4.2 項参照）とよばれる．DIX 規格でのタイプには，データ部のプロトコルを示す識別子が入っている．IEEE802.3 規格での長さ/タイプは，データフィールド長やデータ形式を示す．トレーラとして最後に付く FCS（フレームチェックシーケンス）は，誤り検出用である．

ペイロードに上位層からの IP データグラムが格納される（図 7.2 参照）．イーサネットフレームのデータ部分は 46～1500 バイトで可変であり，データが 46 バイト未満のときは，PAD（padding：詰め物）を加えて 46 バイトにする．

以上より，イーサネットフレームの長さは，ヘッダと FCS を合わせて，最大 1518 バイト，最小 64 バイトとなる．この最小値は，イーサネットフレーム転送時の衝突

検出に必要な値から決まっている（演習問題 8.5 参照）．

IP データグラムは最大 65535 バイトなので，フレームの最大ペイロード長より長い IP データグラムは分割され（7.3 節参照），それぞれのフレームに収容された IP のヘッダ内には，分割された IP データグラムの順序を示すフラグメントオフセット（図 7.4 参照）が記載される．フレームはいったんメモリに蓄積された後，LAN 内のデータリンク層での転送処理が行われ，情報が宛先に届けられる．受信側ではフラグメントオフセットに基づき情報の再構成を行う．イーサネットでは誤りが検出されたフレームは破棄され，再送は要求しない．これにより，分割された IP データグラムに不達があれば，TCP などの上位プロトコルが IP データグラム全体の再送を要求する．

例題 8.2 1510 バイトの IP データグラムをイーサネットフレームに載せる場合，イーサネット段階での各フレームの長さは，ヘッダと FCS を合わせていくらになるか．ただし，IPv4 とする．

解答 IP データグラムのペイロードは 1510−20＝1490 バイトである．イーサネットフレームの最大ペイロード長は 1500−20＝1480 バイトだから，二つのフレームを必要とする．一つ目にはデータを 1480 バイト，二つ目には 1490−1480＝10 バイト収容する必要があるが，これは IP ヘッダを合わせても 10＋20＝30 バイトであり，最小の 46 バイトよりも小さいから，PAD を加えて 46 バイトとする．よって，一つ目のフレームの長さは 1518(＝1500＋18) バイト，二つ目のフレームの長さは 64(＝46＋18) バイトとなる．

8.4.2　MAC アドレス

ネットワーク上で，通信ケーブルとコンピュータや通信機器を接続するには，ネットワークと通信機器側の信号で送信可能な信号形式を相互に変換するインターフェースが必要となる．これは**ネットワークインタフェースカード**（NIC: network interface card）や LAN カードとよばれる．各通信機器を識別するため，NIC に付与される固有の物理アドレスを **MAC**（media access control）**アドレス**という（図 8.3）．

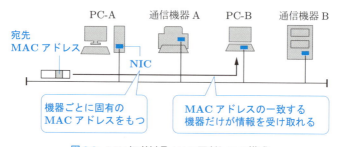

図 8.3　LAN における MAC アドレスの構成

MAC アドレスはフレームヘッダに記載され（図 8.2 参照），光ファイバや UTP ケーブルなどの伝送路で直接接続されたコンピュータや通信機器間において，データをデータリンク層で宛先に正確に転送するために利用される．送信されたフレームは同一 LAN 内のすべての機器に届くが，宛先 MAC アドレスと一致する機器のみが送信フレームを受け取れ，不一致の場合には破棄される．

MAC アドレスは 6 バイト（48 ビット）の長さをもつ．3～24 ビットはこれを管理する IEEE が製造メーカに割り当てたメーカ（ベンダ）識別子であり，25～48 ビットは各メーカが自社の製品すべてに対し，それぞれ固有の値を割り当てる．したがって，MAC アドレスは全世界で唯一となり，宛先が正確に識別できる．

MAC アドレスは 8 ビット（1 オクテット）ずつ六つに区切り，各区切りを 16 進数で表記し，その間にコロンを付ける．たとえば，

00000100 00000000 00111100 11110101 10110001 00000110

は 04:00:3C:F5:B1:06 と表す（1 章コラム参照）．

MAC アドレスでの第 8 ビットは，「0」がユニキャストアドレス，「1」がマルチキャストアドレスを表し，第 7 ビットはグローバルアドレスとローカルアドレスの区別を表す．特別な MAC アドレスとして，すべてが「1」のアドレス，すなわち FF:FF:FF:FF:FF:FF はブロードキャストアドレス（一斉同報通信用）として扱われ，LAN に接続されたすべての NIC が情報を受け取れる．

8.5　イーサネットの構成

8.5.1　CSMA/CD 方式のイーサネット

イーサネット構成の原型は，10BASE5 などで使用されたバス型 LAN である．これでは，多くの端末が一つの通信媒体を共有して接続されているため，複数の端末から送信されるデータが衝突（データが同時に送信されること）する恐れがある．このような事態を避けるため，衝突検出付き搬送波検知多重アクセス（CSMA/CD: carrier sense multiple access with collision detection）方式が用いられていた．

CSMA/CD 方式では，送信端末がパケットを送出する前に，通信媒体上で他端末からの送信信号の有無を確認する（図 8.4）．衝突を検出したときには送信を停止し，ほかの端末に衝突が生じたことをジャム信号で通知し，端末ごとに異なる待機時間（バックオフ時間という）を設定する．再び送信の可否を調べ，空いているときにのみ送信を開始する．送出されたパケットは通信媒体に接続された全端末に届くが，宛先アドレスに一致する端末だけが送信パケットを受け取れる．CSMA/CD 方式が有効となる条件から，イーサネットフレームの最小値が決められている（演習問題 8.5 参照）．

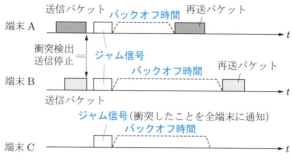

図 8.4　CSMA/CD 方式による衝突検出とパケット再送

　CSMA/CD 方式は，送信したいときにいつでも送信を試みることができる，制御のアルゴリズムが簡単などの利点がある．しかし，接続する端末数が増加して送信データ数が増加すると，衝突の確率が高まり伝送効率が低下するので，接続端末数や伝送路長が制限を受ける．この方式は半二重通信であり，現在はほとんど使用されていない．

8.5.2　スイッチングハブを用いたイーサネット

　イーサネットにおける上記バス型の欠点を解消するため，撚り対線や光ファイバを介して各端末をスイッチ型のハブでスター型に接続する方法が主流となった．ハブは元来，放射状にあるスポークを束ねる車輪の中心部分のことで，たとえばハブ空港のように，中心で束ねる役割をもつものという意味でも使われている．通信ネットワークでは，ハブ (hub) は集線装置の中心をなす転送機器のことである．データリンク層で MAC フレームの高速転送を行う接続機器を**スイッチングハブ**とよび，このスイッチは最初 1990 年に発売された．その後，このようなイーサネットでフレームを転送する高速スイッチが各社から発売され，これらを総称して **LAN スイッチ**，またはデータリンク層ではたらくことから**レイヤ 2 スイッチ**とよぶ．

　スター型では，スイッチングハブを介して，すべての端末を接続するように構成する（図 8.5）．スイッチングハブ内にある複数のポート間の接続は，スイッチで切り替えられるようになっている．蓄積転送方式では，特定の端末から来たデータを入力ポートに導く．このデータの MAC フレームをいったんバッファメモリに蓄積して誤り検出を行った後に，適切なタイミングでスイッチを介してデータを出力ポートに送出する．出力ポートからデータが宛先に届けられる．

　この方式ではデータの衝突の心配がなく，CSMA/CD 方式を使う必要がない．また，端末とポート間に UTP ケーブルを用いて全二重通信（上りと下りに 4 芯 2 対使う）にすることが可能であり，複数の端末がデータを同時に送受信できる．

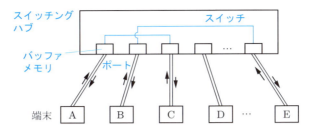

図 8.5 スイッチングハブを用いたイーサネットの構成（スター型)

スイッチングハブを利用すると，グループ化した端末のポート間でのみ接続することにより，複数の論理的な LAN を構築することが可能となる．これを**仮想 LAN**（VLAN: virtual local area network）とよぶ．VLAN は，公衆通信網を通して相互に接続して利用する広域イーサネットに発展している（9.3.2 項).

― **イーサネットの特徴** ―
(i) OSI 参照モデルの下位 2 層におけるデータの受け渡しを規定しており，データがフレームの形で転送される．
(ii) データを宛先に正確に届けるために MAC アドレスを利用する．
(iii) 通信媒体として，伝送速度や距離に応じて，おもに UTP ケーブルと光ファイバが使い分けられており，光ファイバでは数 10 km の遠距離通信が可能である．
(iv) LAN で幅広く用いられてきたが，近年では WAN でも使われている．
(v) 構成がスイッチングハブを用いたスター型となってから，より普及している．

8.6 その他の有線 LAN 方式

本節では，LAN として使用されているイーサネット以外の規格として，トークンリングと FDDI を紹介する．ただし，これらの市場性はイーサネットに比べるとかなり低い．

8.6.1 トークンリング

トークン（token）とよばれるパケットを用いて，アクセス制御する方式を**トークンパッシング**（token passing）とよぶ（図 8.1 参照）．とくに，撚り対線などを用いて，リング型に PC 等の端末を接続したものを**トークンリング**（token ring）とよぶ．こ

れは比較的安価に構築できるのが特徴である．1970年代にIBMで開発され，1984年にIEEE802.5で標準化された．伝送速度は4Mbpsまたは16Mbpsである．

トークンリングでは，フリートークン（未使用のトークン）が一つだけ周回しており，これを取得した端末のみがデータの送信権をもつ（図8.6）．データ送信に際してはフリートークンを取得し，トークンの後ろに宛先を付したフレームを結合させてLAN上に送出する．これはリング状ケーブルで伝送され，LANに接続する端末に届く．MACアドレスが一致した端末のみがトークンを受信でき，フレーム部分のみをコピーして，受領信号を付けてLAN上に送り出す．これが周回して送信元に戻ると，データが破棄され，フリートークンが再びLANを周回する．

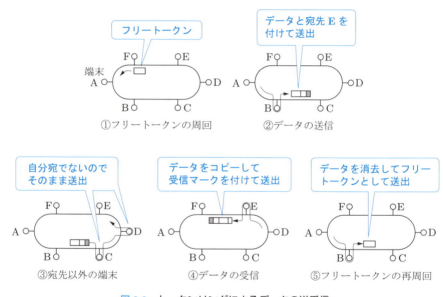

図8.6　トークンリングによるデータの送受信

これではトークンが一つしか存在しないので，LAN内で衝突を起こす心配がない．しかし，トークンを取得した端末しか送信できず，送信待機時間が増加する．そのため，重要なデータには優先権を与えるという改良が加えられている．また，一つの端末に障害が起きたり，トークンが消滅したりすると，システム全体がダウンするという欠点がある．そのため，トークンリングのユーザ数は減少傾向にある．

8.6.2　FDDI

FDDI（fiber distributed data interface）は，前項で述べたトークンリングで，伝送路を光ファイバに置き換えたものである．FDDIではリングを2重に設置し，主・副

リングの伝送方向を逆向きにしている．正常時は主リングを使用し，障害時には副リングに自動切り替えする．そのため，ケーブルの一部が故障や破損しても通信できるので，信頼性が高い．

FDDI は米国規格協会により 1987 年に制定された．これは伝送速度 100 Mbps，伝送距離 200 km が達成されており，トラフィックが集中しても転送能力があまり低下しない高速 LAN である．FDDI は成熟した技術で信頼性が高いため，大規模ビルや工場等で基幹 LAN に採用されてきた．しかし，広域イーサネット（9.3.2 項参照）の登場により，最近はあまり使用されなくなっている．

8.7　無線 LAN

無線通信を利用してデータの送受信を行う LAN を無線 LAN（wireless LAN）とよぶ．無線 LAN は配線が不要であり，携帯端末から手軽に接続できるので普及している．これは原理的に盗聴などの不正アクセスの可能性があり，セキュリティ対策として暗号化して通信されることが多い．

無線 LAN の標準化は IEEE802 委員会で進められ，1997 年に最初の規格 IEEE802.11 が決められた．これでは，電子レンジなどに使用されている，産業・科学・医療用周波数帯である 2.4 GHz 帯（伝送速度 2 Mbps）が割り当てられ，1 チャネルあたり 20 MHz の帯域幅で使用されている．その後 5 GHz 帯や 60 GHz 帯も使用されるようになり（表 8.2），伝送速度は 54 Mbps 以下，300 Mbps から 6 Gbps 超まで高速化している．通信距離は数 100 m 以内である．5 GHz 帯は 2.4 GHz 帯に比べると，ほかの電子機器による電波障害が少ないが，壁などの障害物に弱いため電波の到達距離が短い（10.1.2 項参照）．2017 年にサービスが開始された 60 GHz 帯ではさらに短い（10 m 程度）．

無線 LAN の使用形態には 2 種類ある．一つはアクセスポイントを介して端末との通信を行うインフラストラクチャモードで，もう一つは移動端末どうしが直接通信を

表 8.2　無線 LAN の規格

規　格	IEEE802.11b	IEEE802.11a	IEEE802.11g	IEEE802.11n	IEEE802.11ac	IEEE802.11ad
制定年	1999 年	1999 年	2003 年	2009 年	2013 年	2013 年
周波数帯	2.4 GHz	5 GHz	2.4 GHz	2.4 GHz /5 GHz	5 GHz	60 GHz
帯域幅	22 MHz	20 MHz	20 MHz	20 MHz /40 MHz	80 MHz /160 MHz	最大 9 GHz
通信速度 （最大）	11 Mbps	54 Mbps	54 Mbps	300 Mbps, 600 Mbps	3.5 Gbps, 6.9 Gbps	6.8 Gbps （MIMO なし）

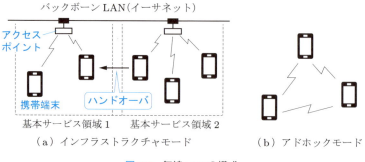

図 8.7　無線 LAN の構成

行うアドホックモードである（図 8.7）．

インフラストラクチャモード（infrastructure mode）は公衆無料 LAN サービスでよく使用されている．これでは，携帯端末や PC からのデータを中継する基地局が必要であり，これを**アクセスポイント**（AP: access point）とよぶ．各 AP がカバーするサービス範囲を基本サービス領域とよび，AP からの電波が到達する範囲内で通信できる．公衆通信用では，無線 LAN 規格普及のための団体である **Wi-Fi**（wireless fidelity alliance）準拠のアクセスポイント装置や無線 LAN カードを使用すれば，メーカに関係なく使用可能となる．

　無線 LAN を空港などの広いエリアで使用する際には，複数のアクセスポイントをイーサネットなどのバックボーン LAN で接続しておく必要がある．この方式では，隣の基本サービス領域に移動するとき，携帯電話と同じように，接続が自動的に切り替わる必要がある．この機能を**ハンドオーバ**（hand over）または**ハンドオフ**（hand off）という．

　無線 LAN では，その性質上，他端末の数も位置もつねに変化するので，イーサネットで使用していた CSMA/CD のように，信号の衝突を検出して制御するのは現実的ではない．そこで，CSMA/CD と似たアクセス制御方式である，衝突回避付き搬送波検知多元アクセス（**CSMA/CA**: carrier sense multiple access with collision avoidance）方式を用いて衝突の回避を行い，MAC 副層でフレーム転送をしている．CSMA/CA 方式では，通信を開始する前に送信端末からチャネルの使用状況を確認し，未使用であればバックオフ時間（毎回挿入される）を待って送信を始める．受信端末は ACK 信号を返して，受信できることを通知する．

　無線 LAN での周波数帯は，ほかの用途で利用されている周波数帯と同じ帯域なので，電子機器等からの電波の混入により，正常な復号が妨害される恐れがある．そこで，送信側で信号を広い周波数帯域に拡散させておくと，特定周波数の妨害電波が入っても，受信側でもとの信号に復元すると，その影響が軽減される．このような方法を

スペクトル拡散という（10.3 節参照）.

　高速無線 LAN（54 Mbps や 100 Mbps 以上）では，無線特有の多重伝搬路（マルチパス）の影響を受けにくくするため，変調方式として直交周波数分割多重（OFDM）が利用される．高速化では，変調多値数の増加（64QAM・256QAM の利用）や，IEEE802.11n 以降における MIMO（10.4.3 項参照）の利用などもある.

　セキュリティ対策として，アクセスポイントには暗号化機能が備えられている．当初用いられた WEP（wired equivalent privacy）は，鍵長の短い同一鍵を毎回使用するため解読が容易であったが，長い鍵をパケットごとに変更するなどの改善がなされた．最近では，2001 年に公募で選定された AES（advanced encryption standard）が採用されている．これはアルゴリズムが比較的簡単で，WEP より強固な共通鍵暗号方式であり，WPA-AES や WPA2-AES と書かれることもある.

　アドホックモード（ad-hoc mode）は，移動可能な無線端末どうしが自律的に通信を行えるように構築されたものである（図 8.7 (b) 参照）．これは基地局を介することなく，端末間でホップ（中継）しながら情報を転送する技術であり，柔軟性のあるネットワークを構成できるが，端末に新たな機能を付加する必要がある．このネットワークは常時のサービス提供ではなく，緊急災害時や不感地域にある端末への転送など，限定的な使用が考えられている.

無線LANの技術的特徴

(i) CSMA/CA 方式を用いたアクセス制御
(ii) 隣接する基本サービス領域移動時における，接続の自動切り替え機能
(iii) 多重伝搬路による干渉に伴う電界変動の影響の軽減
(iv) 不正アクセス防止のための暗号化機能

8.8　LAN の拡張

　LAN の特徴は，ユーザ自身がシステムを自由に構築・変更できることである．そのため，組織の拡大や縮小に伴ってシステムを拡張したり廃棄したりすることができるように，様々な LAN 中継器が用意されている．これらは次のような場合に使用する.

(i) ケーブルで指定された距離制限や接続制限台数を超えて，PC 等の端末を使用したい場合.
(ii) 複数のケーブルを使って LAN を構築する場合.

120   8章　ローカルエリアネットワーク（LAN）

　LAN を拡張する場合，どの層で拡張するかに応じて使用する LAN 中継器が異な
る．物理層での信号転送に使用できるのがリピータである．また，データリンク層で
のデータ転送に使用できるのがブリッジやスイッチングハブである．これらの機能や
使用法については 7.6 節を参照されたい．

─────────────●　演習問題　●─────────────

8.1　インターネットと LAN に関する次の文章の（　）内に適切な用語を入れよ．

　　　インターネットでのデータ単位は，トランスポート層では（　①　）セグメント，イン
　　ターネット層では IP（　②　）とよばれる．LAN でのデータ単位は（　③　）とよばれる．
　　プロトコルの IP の機能は転送であり，（　①　）は信頼性確保のため（　④　）型プロトコ
　　ルとなっている．LAN での主要規格は（　⑤　）であり，その最初のトポロジーは，1 本
　　のケーブルに全端末が接続された（　⑥　）型であった．

　　　情報を正確に届けるために使われるアドレスは，インターネットでは（　⑦　），LAN
　　では（　⑧　）である．OSI 参照モデルにおけるネットワーク層に適合するデータ転送装
　　置を（　⑨　）という．LAN でのデータの衝突防止のため，複数のポート間の接続を利用
　　したのは（　⑩　）であり，これと類似の機能をもつものを総称して LAN スイッチとも
　　よぶ．

8.2　無線 LAN に関する次の文章の（　）内に適切な用語を入れよ．

　　　無線 LAN では，データの衝突回避のため，（　①　）方式を用いてアクセスする．イン
　　フラストラクチャモードでは移動端末との通信は（　②　）を介して行われる．（　②　）を
　　つなぐバッグボーン LAN には，（　③　）が使われることが多い．（　③　）は（　④　）層で
　　のデータ転送を行う規格である．妨害電波の影響を避けるため，信号の周波数帯域を広
　　げる（　⑤　）が利用されている．

8.3　データ転送でイーサネットフレームと ATM セルを用いる場合，イーサネットフレーム
　　の最大長と ATM セル長のそれぞれに対して，ヘッダ長が占める割合を求めよ．

8.4　トークンリングにおいて，送信者から受信者へデータを送信する手順について説明せよ．

8.5　10BASE5 をブリッジ接続して伝送距離を 2500 m にし，一端の端末 A から他端の端末
　　B までイーサネットフレームを送信する場合を考える．CSMA/CD 方式が有効である
　　ためには，もし衝突が起こった場合，端末 A はフレームの送信終了までに衝突の発生を
　　知り，送信を中止できる必要がある．この方式が有効となるために必要なフレームの最
　　小バイト数を求めよ．ただし，銅線での伝送時間を 5.5 ns/m とする．

8.6　次の用語について説明せよ．

　　（1）バックオフ時間　　　（2）スイッチングハブ　　　（3）スペクトル拡散方式

9章 高度化インターネット関連技術

インターネットは現代の通信ネットワークで重要な位置を占めるとともに，そのサービスが高度化している．増加するインターネットの IP パケットの転送を担う IP 網は，光ファイバ通信における光ファイバの広帯域特性や高速性で支えられている．両者の融合により新しいサービスが生み出され，インターネットに関連する技術も高度化している．本章では，このようなサービスやそれを支える技術を紹介する．

9.1 節では，IP 網と光ネットワークとの関連および IP パケットの高速転送に関する MPLS を説明する．9.2 節では，IP 網を利用して実時間通話を可能にする IP 電話の仕組みを紹介する．9.3 節では，企業や組織内での IP パケットやイーサネットフレームを，公衆通信網を用いて仮想的に専用線のように利用する，IP-VPN と広域イーサネットを説明する．9.4 節ではネットワークセキュリティに関する暗号と認証技術を，IP 網についても説明する．9.5 節では，すでに一部は始まっているが，新しい通信ネットワークとして次世代ネットワーク（NGN）とよばれる技術を紹介する．

9.1 近年の IP パケット転送網

インターネットが普及した現代の通信ネットワークでは，多くの情報が IP パケットの形で転送されている．増大する IP パケットの転送を物理層で支えているのが光ネットワークである．多様な需要に対応するために，様々な形で IP パケットを転送することが求められるようになっている．本節では，光ネットワーク上の IP パケット転送網と，IP パケットの高速転送を可能にする MPLS を説明する．

9.1.1 光ネットワーク上の IP パケット転送網

図 9.1 に，光ネットワーク上で IP パケットを転送するための各種の伝送方式を示す．

(1) IP over SDH

初期の IP パケット転送方式であり，IP パケットを SDH のバーチャルコンテナ（6.2.2 項参照）に載せて転送する．この場合，IP データグラムの先頭位置の識別のため，データリンク層（OSI 参照モデル第 2 層）の機能が必要となる．IP データグラムを

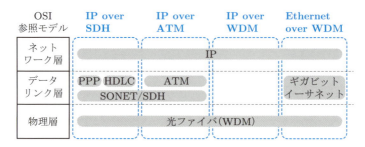

図 9.1　IP パケットを転送する各種方式と光ネットワークの関係

PPP（point-to-point protocol: 地対地で回線を中継する機能をもつ）または HDLC（3.5.1 項参照）のデータ領域に載せ，さらにバーチャルコンテナのペイロードに載せて多重化する．PPP フレームでは，ATM のようなセルの分割や組み立てが不要である．ちなみに，PPP と HDLC は第 2 層の標準的プロトコルである．この方式は，インターネット需要の増加をスピード的にカバーしきれない．

(2) IP over ATM

各種の網で使用される IP データグラムを，ATM セル（ペイロードは 48 バイト）に分解して，データを転送する方式である．ATM は第 2 層の機能も果たしており，パスとして VP/VC（3.5.2 節参照）が利用される．セルのペイロードに載せる場合，通常，IP データグラムの方がセルのペイロードより長いので，IP データグラムのセルへの分割および組み立てが必要であり，この分割・組み立てが処理速度の低下の要因となる．

この方式は 1990 年代中頃から導入された．しかし，VP/VC がルータ台数の 2 乗のオーダで増加するため，大規模化につれて処理の負担が増すという問題があり，IP パケットの拡大とともに有用性が薄れてきた．

(3) IP over WDM（OP）

ネットワーク層の IP パケットを，データリンク層を介することなく，直接，物理層の WDM（光パス: OP）に載せて，高速ルータで転送する方式である．この方式ではノードで終端されない IP パケットを光カットスルーできるので，無駄な変換処理が省けてスループットが大幅に向上する（6.3.3 項参照）．この方式は次の Ethernet over WDM とともに利用が伸びており，その利点は以下のとおりである．

(i) SDH フレームのオーバヘッドがない分，IP パケットを効率的に転送できる．
(ii) 高速化するルータと WDM 装置を直結する方が高速になる．

（4）Ethernet over WDM

IPパケットをギガビットイーサネットに載せて，WDM（光パス）で転送する方法である（6.4節参照）．

これまでの章で個別に説明してきた各種通信ネットワークのうち，主要な通信方式について，情報単位，パス，交換方式との関係をまとめて表9.1に示す．パスは多重化や交換における基本単位であり，クロスコネクト装置やアドドロップ装置を用いてパスごとの情報転送ができる．

表9.1　各種通信ネットワークと情報単位・パス・交換方式の関係

ネットワーク種別	情報単位	パ　ス	交換方式
IP	IP データグラム	ラベルスイッチパス（LSP）	パケット交換
Ethernet	イーサネットフレーム		
SONET/SDH	フレーム（タイムスロット）	ディジタルパス	回線交換
ATM	セル	仮想（バーチャル）パス	ATM 交換
OTN	OTN フレーム	光パス	回線交換

9.1.2　MPLS

多くの情報サービスがIPで提供され，IPパケットのトラフィックが急激に増加したため，IP網を前提として通信ネットワーク全体を効率化する方式が要求されるようになった．そこで，1990年代終わりに，IP over ATMの欠点を改善するため，ATMにおけるVP/VCの概念を発展させた転送方式がMPLSである．

MPLS（multi-protocol label switching）は，宛先にラベルを付与してラベルスイッチパスを設定し，ラベルスイッチング（ラベルの付け替え）を行うことにより，データを高速転送する方法である．MPLSはIP網と整合するように高速スイッチを設定したものであるが，基本的にはラベルを用いたハードウェアでの転送技術である．

MPLSでは，IPパケットにおけるレイヤ2ヘッダ（たとえば，イーサネットヘッダ）とIPヘッダの間に，4バイトの**シムヘッダ**（shim header[†]）が付与される（図9.2）．そのうち20ビットをラベル番号に使用し（ただし0〜15は予約済み），転送経路を指定する．シムヘッダが付与されたIPパケットは，MPLSシステムを構成するラベルスイッチルータ（LSR: label switching router）を経由して転送される．LSRで形成される経路を**ラベルスイッチトパス**（LSP: label switched path）とよぶ．LSRはビット数の多いIPアドレスを参照することなく，短いラベルに基づいて経路選択を行う．MPLSはパケット転送と経路計算の処理を分離することにより，高速転送を

[†]　shim は「くさび」，「詰め物」を意味する．

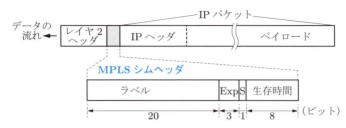

図 9.2　MPLS シムヘッダ
ヘッダ長は，レイヤ 2 ヘッダをイーサネットヘッダ，
IP ヘッダを IPv4 としたときの相対長さ．

実現している．

　MPLS 技術は，もとの情報を特定の区間においてカプセル化した形で転送するもので，このような転送方法を**トンネリング**という．MPLS は IP 以外のコネクション型通信にも適用でき，上位の各種形式のパケットおよび下位の各種転送方式によらず利用できる．MPLS は，VPN に適用された IP-VPN（9.3.1 項参照）のほか，GMPLS（generalized MPLS）として LSP を用いない一般的概念に拡張されている．

例題 9.1　MPLS を用いる場合，ユーザ用の識別可能な最大経路情報数を求めよ．
解答　シムヘッダ 4 バイトのうち 20 ビットがラベル番号に使用されており，そのうち 16 個が予約済みだから，求める数は 1048560（$=2^{20}-16$）となり，約 100 万である．

9.2　IP 電話

　IP ネットワーク（網）はインターネットでよく利用されているが，従来は，電話のような実時間通信には不向きであるといわれていた．しかし，音声パケットを IP 網に載せる技術が開発され，従来からの固定電話並みの通話品質が実現できるようになった．この電話を IP 電話，あるいは使用技術名にちなんで VoIP 電話ともよぶ．

　IP 電話は，送話者の音声をディジタル情報に符号化し，これをパケットに変換した後，IP 網を介して受話者に届け，逆のプロセスで音声に変換して，双方向通信を実時間で行うシステムである．

　IP 電話の起源は，パソコン端末に搭載したソフトを用い，インターネットと接続して通話を行うインターネット電話であり，2002 年に「05」で始まる番号体系が整備されてから普及するようになった．IP 電話を使う接続形態には 2 種類ある．一つは電話端末に IP 電話アダプタを設置する方法で，もう一つは公衆用電話網からゲート

ウェイを介して IP 網に接続する方法である．

IP 電話の基本技術は，音声信号を IP 網にのせて転送する **VoIP**（voice over internet protocol）である．その主要技術は，①送話者の音声の符号化と，②音声データのパケット化（サイズ，転送速度など）である．送話者からの音声パケットを IP 網に接続する作業は，VoIP ゲートウェイで行われる（図 9.3）．ここでは，AD 変換，符号化，音声情報の IP パケットへの取り込み・取り外しなどが行われる．

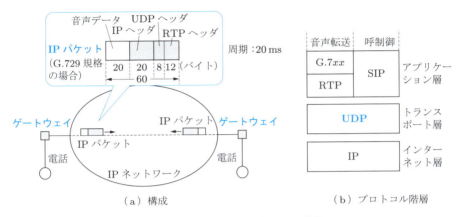

図 9.3　IP 電話の構成とプロトコル階層

音声の符号化（①）では，最初，低ビットレート符号化が用いられていたが，音質が劣るため，固定電話と同じ 64 kbps でディジタル化（2.4.3 項参照）して 2 値符号に変換する方法が一般的となっている．ビットレート 64 kbps を使う方法（ITU-T G.711 規格：PCM 方式）と，音声部分を 8 倍に圧縮して 8 kbps を使う方法（ITU-T G.729 規格：CELP 方式）がある．CELP（code excited linear prediction）方式とは，ディジタルデータに変換された音声情報をあらかじめ用意したパターンで合成する方法である．

音声データのパケット化（②）では，実時間性を担保するため，パケットサイズの選定が重要となる．音声データのサイズが大きければ転送効率はよいが，遅延時間が長くなる．ITU-T の勧告では，電話で自然な会話をするには遅延時間を 150 ms 以下にすることが推奨されている．音声の符号化・復号化やパケット組み立て等による遅延も考慮して，IP パケットの送出周期は通常 20 ms にとられる．したがって，G.729 規格を用いる場合，(1 kbyte/s)・20 ms＝20 byte より，1 パケットに含める音声データが 20 バイトとなることがわかる．

IP パケットに格納される音声データを実時間用途に供するため，トランスポート層のプロトコルとして高速転送ができる UDP（7.2.4 項参照）が用いられる．上位の

プロトコルとしては，実時間性に優れた，つまり遅延時間が短く遅延揺らぎが少ない RTP（real-time transport protocol）と RTCP（RTP control protocol）がセットで用いられる（図 9.3 (b) 参照）．RTP では，パケットの欠落は雑音程度で通話への影響があまりないので，これへの対策はとっていない．

G.729 規格でデータリンク層にイーサネットを用いる場合，20 バイトの音声パケットに，20 バイトの IP ヘッダ，8 バイトの UDP ヘッダ，12 バイトの RTP ヘッダ，18 バイトのイーサネットヘッダ・トレーラが付加される．このとき，必要となる伝送速度は最低でも $(20+40+18)$ byte/20 ms $=31.2$ kbps となる．G.711 規格の場合，転送に最低限必要な伝送速度が 87.2 kbps となる（例題 9.2 参照）．

IP パケットは IP 網内で経路表（ルーティングテーブル）に従って転送される．ネットワークには多くのパケットが混在しているため，ベストエフォート型通信ではパケットの損失や遅延がある．これらに対する対策を QoS（quality of service: サービス品質）制御とよぶ．とくに，遅延は IP 電話にとって致命的なので，特有の対策が講じられている．パケットを要求品質によりクラス分けして，クラス単位で QoS 制御することを DiffServ（differentiated services）といい，音声パケットの IP ヘッダに優先処理を表す符号を付加する．ほかに，受信バッファでの遅延揺らぎの除去，他用途での長いパケットのフラグメンテーション処理による待ち時間の短縮などを行って，基準時間以内の IP パケット転送処理をしている．

IP 電話では，データ通信などと異なり，全二重通信となる．そこで，遅延対策に加えてシグナリング機能に対応する呼制御，つまり通話者間での通信路の確保が必要となる．これを実行する SIP（session initiation protocol）は，アプリケーション層で音声や映像などを複数の相手に対して変換するため，セッションの確立・変更・切断などを行う（図 9.3 (b) 参照）．SIP は実時間通信で重用されている．

例題 9.2 IP 電話で ITU-T G.711 規格を用いて，音声データをイーサネットで転送する場合，転送に最低限必要な伝送速度を求めよ．

解答 G.711 規格の符号化でのビットレートが 64 kbps で送出周期が 20 ms だから，1 パケットに含める音声データの大きさが $(64/8$ kbyte/s$) \cdot 20$ ms $=160$ byte となる．IP・UDP・RTP ヘッダの合計が 40 バイト，イーサネットヘッダと FCS の合計が 18 バイトである．よって，求める伝送速度は $(160+40+18) \cdot 8$ bit/20 ms $=87.2$ kbps となる．

9.3 広域ネットワーク（WAN）サービス

国内や世界規模の広い範囲を対象とする通信ネットワークを，LAN と対比して広域ネットワーク（WAN: wide area network）という．これは通常，通信事業者が国際

標準に従って，高帯域の光ファイバで網を構築し，ユーザが通信事業者と契約して使用するものである．

1980年代までは，企業や組織が遠隔地の拠点間を専用線で結んだ企業内ネットワークを使用していた．その後，通信事業者などのネットワークを企業や組織があたかも自前の専用線のように利用できる，低コストのサービスが2000年頃から提供され始めた．これを VPN（virtual private network）または**仮想私設網**とよぶ．

VPN には3種類あり，遠隔地の拠点間を IP 網で結ぶ IP-VPN，イーサネットで結ぶ広域イーサネット，インターネットを経由するインターネット VPN がある．これらのうち，IP-VAN と広域イーサネットは，通信事業者が保有するネットワークで拠点間を結び，セキュリティと高信頼性を担保している．本節の以下では IP-VPN と広域イーサネットを説明し，インターネット VPN を 9.4.2 項で説明する．

9.3.1　IP-VPN

IP-VPN は，通信事業者の IP 網を用いて仮想的にユーザ専用の IP ネットワークを構築するもので，プライベートアドレスを用いることができる．ただし，網自体は複数のユーザで共有されているので，各ユーザのネットワークを分離して，ほかのユーザの端末へ IP パケットが届かないようにする必要がある．MPLS（9.1.2 項参照）をIP パケットにラベル付けして，宛先に正確に転送する方法を次に説明する．

IP-VPN の構成概略を図 9.4 に示す．IP-VPN への出入口に設置されるユーザ側のルータを CE（customer edge）ルータ，CE ルータに直接接続されるプロバイダ側

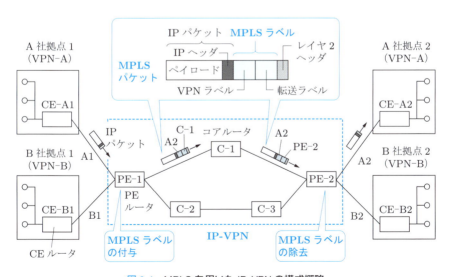

図 9.4　MPLS を用いた IP-VPN の構成概略

のエッジルータを PE（provider edge）ルータ，IP-VPN 内でエッジルータを相互に接続するラベルスイッチルータ（LSR）をコアルータという．IP-VPN では，IP パケットに新たに付与される MPLS ラベルに基づいて転送される．**MPLS ラベル**は，ユーザの宛先 VPN を識別する VPN ラベルと，宛先側の PE ルータまで転送するルータを識別する転送ラベルからなる．MPLS におけるラベル番号は 20 ビットで，約 100 万個の経路情報を識別できる（例題 9.1 参照）．

　IP パケットを A 社の拠点 1 から拠点 2 へ送信する場合を考える．A 社拠点 1 に近い PE ルータ PE-1 は，パケットのアクセス回線番号から発信元の VPN を識別する．PE ルータ PE-1 は，宛先 IP アドレスからユーザ識別表を参照して A 社拠点 2 までのルートを調べ，次のコアルータのラベル，つまり VPN ラベルと転送ラベルを付与してパスを設定し，ラベルで IP 網内を転送する．IP パケットは，一般に複数のコアルータを経由し，転送ラベルを付け替えながら転送され，最終的に A 社拠点 2 に最寄りの PE ルータ PE-2 に届けられる．ここで，付与された VPN ラベルから宛先が CE-A2 ルータであることを識別後，ラベルが外され，IP パケットだけが CE-A2 ルータに届けられる．

　IP-VPN では，B 社拠点 1 からの IP パケットのプライベートアドレスが，たとえ A 社のものと同一であっても，ユーザ識別ラベルが A 社のものと異なるので，PE ルータ PE-2 に届いた IP パケットが間違って CE-A2 ルータに届くことはなく，セキュリティが確保される．

　IP-VPN 内では，MPLS ラベルが IP パケットを包み込んだ形（これをカプセル化という）で転送する**トンネリング**を用いている．

　IP-VPN は設定が簡単であり，サービス品質を保証できるなどの利点があるが，プロトコルは IP に限定される．

9.3.2　広域イーサネット

　イーサネットでは，LAN スイッチ（スイッチングハブ）の使用により，仮想的な LAN である VLAN が構築できるようになった（8.5.2 項参照）．また，光ファイバの利用によりイーサネットが高速化され，使用できる距離が飛躍的に伸びた（8.3 節参照）．この状況下で，通信事業者が，遠く離れた VLAN で構成された拠点間をイーサネットで結ぶ転送網を企業向けに提供するようになった．この網を**広域イーサネット**とよぶ．これを用いると，離れた拠点間での VLAN を，セキュリティを確保した一つの LAN のようにして利用できる．

　広域イーサネットの構成概略を図 9.5 に示す．広域イーサネット内で，ユーザへの出入口にはユーザの回線を収容するエッジスイッチと，エッジスイッチを相互に結ぶ

9.3 広域ネットワーク（WAN）サービス

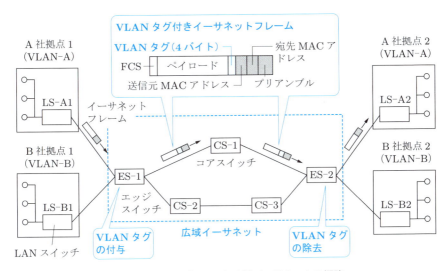

図 9.5　VLAN タグを用いた広域イーサネットの概略

コアスイッチがある．ユーザがもつ LAN スイッチとエッジスイッチを接続することにより，通信事業者のイーサネット網が使えるようにしている．広域イーサネットでは，イーサネットフレームに付与される VLAN タグに基づいて転送される．**VLAN タグ**とは，データリンク層（レイヤ 2）のイーサネットフレームに付与する 4 バイトのタグであり（図 9.5 参照），VLAN 識別子 VID はそのうちの 12 ビットで 4094（＝ $2^{12}-2$，すべて 0 およびすべて 1 は予約済み）個の VLAN を識別できる．タグの付いたフレームをタグフレームとよぶ．

　イーサネットフレームを A 社の拠点 1 から拠点 2 へ送信する場合を想定する．エッジスイッチ ES-1 には，A 社や B 社からの情報に対して，仮想的に閉鎖的な専用網ができるように，経路表（コアスイッチとエッジスイッチに関する）があらかじめ設定されている．また，入力ポートから，この場合 LS-A1 からのものと判別し，VLAN タグの識別子 VID をフレームに付与する．VID を参照して転送されたタグフレームは，最終的に A 社拠点 2 に近いエッジスイッチ ES-2 に届けられる．ここでは，付与された VLAN タグの VID から宛先が LS-A2 であることを識別した後，VLAN タグが外され，イーサネットフレームだけが宛先の LS-A2 に届けられる．

　広域イーサネットは，IP-VPN に比べると，高速リンクの設定が容易で，OSI 参照モデルの第 3 層より上で使用するプロトコルに対する制約がなく，柔軟なネットワーク設計が可能で安価であるが，サービスオプションが少ない．

9.4 ネットワークセキュリティ

インターネットは開放型ネットワークなので，誰もが情報の交換や取得に利用できる半面，悪意のある第三者による情報の改ざん，なりすましなどの不正行為が生じる恐れがある．これらの行為を未然に防止し，セキュリティを確保するための対策として，暗号化技術，認証技術とファイアウォールがある．以下では，暗号と認証技術の一般的内容，およびIP網におけるこれらに関する技術を説明する．

9.4.1 暗号と認証技術

暗号（cryptography）とは，もとのデータを変換することにより，たとえ漏洩しても，データが第三者には秘匿されるようにする技術である．暗号化する前の情報を平文，暗号化された出力を暗号文という．暗号化する際に用いる暗号鍵には，共通鍵暗号方式と公開鍵暗号方式がある．

図 9.6 に暗号方式でのデータ送信の仕組みを示す．**共通鍵暗号**は，図 (a) のように暗号化と復号化で同じ鍵を利用する方法で，対称鍵暗号ともよばれる．この方式では鍵の配送が必要となるので，その漏洩が問題となる．また，通信相手ごとに異なる鍵をもつ必要がある．**公開鍵暗号**は，暗号用の鍵と復号用の鍵が異なる方法で，非対称

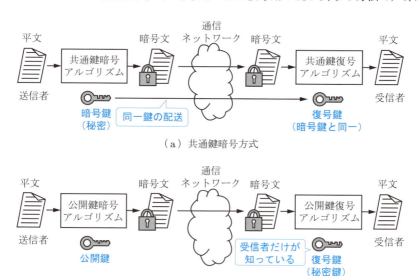

図 9.6　暗号通信の構成

9.4 ネットワークセキュリティ　　*131*

鍵暗号ともよばれ，代表的な暗号化アルゴリズムとしては RSA 暗号[†]がある．この方式では，図 (b) のように一般に公開された公開鍵で暗号化し，秘密鍵で復号化する．これは鍵の配送が不要で，受信者が秘密鍵のみを保管すればよい．ただし，公開鍵暗号方式は暗号化と復号化に時間がかかるので，実際に送信するデータ自体の暗号化には共通鍵暗号を使用し，共通鍵の配送に公開鍵暗号を用いる方法がとられている．

　通信ネットワークにおける情報の送受では，カメラやマイクを利用する特別な場合を除き，一般には通信開始前に本人確認をできない．通信相手の本人確認や情報の正当性確認を，電子的な手段で行う技術を**電子認証**（electronic authentication）とよぶ．

　電子認証には，識別情報 ID とパスワードの組み合わせ方式，電子署名などが利用される．組み合わせ方式では，認証される側の情報を認証する側にあらかじめ登録しておく必要があり，特定組織のホームページから内部情報へアクセスするときなどに使用される．電子署名は，公開鍵暗号の手法を利用して，通信相手の本人確認を行うものである．電子署名では，文書改ざんの検出も兼ねて，ハッシュ関数（可変長の入力データを固定長の出力データへと一方向に変換するもの）を利用する方法もある．

9.4.2　IP 網における暗号化・認証技術

　インターネットにおける転送網として IP 網は重要なので，IP レベルでのセキュリティの強化を図るため，上記の暗号・認証技術が導入されている．これらでは，パケットの内容に関係なく，パケットの暗号化と認証が行われる．

　IP 網におけるプライバシーの保護と認証サービスを提供するのが，1998 年に制定された **IPsec**（IP security protocol）である．これは共通鍵暗号を利用するもので，カプセル化セキュリティペイロード（ESP: encapsulating security payload）プロトコルと認証（AH: authentication header）プロトコルなどから構成されている．IPv6 では拡張ヘッダとして ESP ヘッダと認証ヘッダが備えられている．IPsec は IPv4 と IPv6 の両方に対して，暗号化がサポートされていないアプリケーションにセキュリティ機能を提供する．IPsec はインターネット層ではたらき，パケットごとに暗号化する．

　IPsec による暗号化には二つの方法がある．一つは IP データグラムのデータ部のみを暗号化するもので，トランスポートモードとよばれる．もう一つは，ヘッダを含めた IP データグラム全体を丸ごと暗号化する方法で，トンネルモードとよばれる（図9.7）．トンネルモードでは，まず IP データグラム全体を暗号化・カプセル化する．その後，カプセル化部の前に新しい IP ヘッダと ESP ヘッダを，後に ESP 認証データ

[†]　RSA は，考案者 Rivest, Shamir, Adleman の名前の頭文字をとったもの．

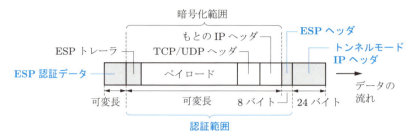

図 9.7 IPsec で送信されるパケットの構造（トンネルモード，IPv4）
網掛け部分が IPsec で付加される．IPv6 もほぼ同等．

を付加する．ESP ヘッダは，新しい IP ヘッダから見ると，トランスポート層プロトコルのヘッダとなる．ESP 認証データはデータ改ざんの検出に利用されるもので，ハッシュ関数による計算結果が入っている．

IP 網で暗号化通信を行うプロトコルとして，**SSL**（secure sockets layer）およびこれを改良した **TLS**（transport layer security）がある．両者をまとめて，SSL または SSL/TLS と書かれることが多い．SSL/TLS のおもな機能は，通信相手の認証，通信内容の暗号化，改ざんの検出であり，トランスポート層とアプリケーション層（HTTP や FTP など）の間でデータの受け渡しをする際に，共通鍵を用いて暗号化処理される．これは最初 Web 閲覧用に開発されたもので，Web ブラウザに標準装備されている．SSL/TLS は，その後メール送受信やクレジットカード情報の認証など，機密性の高いデータ送信に応用範囲が広がっている．

インターネットの VPN（仮想私設網）で，不正なアクセスを防止するため，IPsec や SSL などを用いてデータを暗号化した後に，端末やルータから送信する方法を，**インターネット VPN** という．この方法を用いると，IP-VPN や広域イーサネットを利用できない中小規模の企業や組織でも，セキュリティを確保してインターネットを利用できるようになる．

9.5 新しい通信ネットワーク

現代の通信ネットワークは，固定電話網，携帯電話や無線 LAN などの移動体通信網およびインターネットを中心とした IP 網などから形成されている．これらでは，情報の多くが IP パケットで転送されている．このような状況を勘案して，今後のあるべきネットワークの姿が求められている．

そのひとつが**次世代ネットワーク**（NGN: next-generation network）であり，2006 年に ITU-T により最初の勧告がなされた．NGN は，通信事業者が構築・運営するも

のであり，音声・映像・データなどのマルチメディア情報を，異なる通信網を統合して一つのネットワークで扱うことを目指している．NGN では，光ネットワークの広帯域性と IP パケットによる転送網を基盤として，高利便性，高品質，低コストのサービスを提供する．とくに，従来の IP 網では不十分であった，QoS の保証やセキュリティの強化を重視している．

NGN のアーキテクチャは，7 階層の OSI 参照モデルではなく，転送ストラタムとサービスストラタムの 2 層に分離されている（図 9.8）．この簡素化は，システム開発と多様なサービスの提供を容易にするためである．ストラタムとは「層」を意味する．

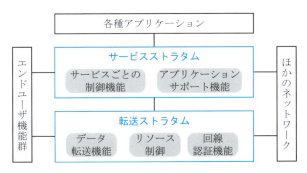

図 9.8　NGN の機能アーキテクチャ

転送ストラタム（transport stratum: 転送制御機能群）は，データの転送機能，QoS を保証するリソース制御，回線認証機能などを備えている．転送のコアネットワークとして，高速ルータで IP パケットを転送する網を想定している．アクセスネットワークとして，光ファイバ伝送方式，携帯電話，無線に関する WiMAX 方式などが適用できる．QoS では，遅延時間やパケット損失率などを保証した，きめ細かいサービス通信品質区分（Diffserv という）により，実時間・双方向通信・映像配信・ベストエフォート型通信などの用途分類ができる．回線認証機能は，第三者によるなりすましを防止し，高いセキュリティを確保するためにある．

サービスストラタム（service stratum: サービス制御機能群）は，通信サービスごとの制御機能，アプリケーションサポート機能などで構成されている．サービス制御を行う中核的存在が，**IP マルチメディアサブシステム**（IMS: IP multimedia subsystem）である．IMS は，マルチメディア情報を効率よく提供するための発呼，通話・切断などの処理を，IP 網上で実現するための制御技術などを含む．IMS の通信に使用するプロトコルは，IP 電話でも利用されている SIP である．

NGN のサービスとしては多様なものが考えられている．その一部はすでに始まっており，既述の IP 電話，IP-VPN，広域イーサネットがそれに該当する．NGN の商

用サービス例として，2008 年に NTT が開始したフレッツ光ネクストがある．

　以上は人が直接介在する，高帯域特性を利用する通信サービスである．一方，個々の通信容量は少ないが，コネクション数が膨大になり得るものとして，**モノのインターネット**（IoT: internet of things）がある．これはセンサなどの機器で得られた遠隔地などでの情報を，人を介さないで端末に伝えるネットワークであり，AI（artificial intelligence: 人工知能）の利用も考えられている．その例として，自動運転，遠隔医療，機械の遠隔制御，情報家電，無線 IT，M2M（machine to machine）通信（機器どうしをネットワークに接続して直接通信を行うもの）などがある．

演習問題

9.1 IP 電話と固定電話の，通信ネットワークにおける類似点と相違点を述べよ．

9.2 IP-VPN，広域イーサネット，インターネット VPN について，類似点と相違点を構成や転送方式などの観点から述べよ．

9.3 ネットワークを利用したデータの送受信で，セキュリティを確保するために用いられている方法について説明せよ．

9.4 今後のネットワークがどのような方向を目指しているか，調べよ．

9.5 次の用語について説明せよ．

　　（1）IP over WDM　　　（2）MPLS　　　（3）IoT

10章

無線通信システム

電波を用いた無線通信はワイヤレス通信ともよばれ，とくに通信手段が限定された船舶や航空機では非常に重要である．無線通信は，端局の設置だけで通信ができる特徴をもつため，従来は長距離の基幹回線での中継伝送や離島への通信，衛星通信などで利用されていた．しかし近年は，携帯電話などの移動体通信や無線 LAN など，日常生活と密着した分野まで応用範囲を広げている．本章では，公衆通信用の多様な無線通信システムを順次紹介する．

10.1 節では，使用する電波の周波数や伝搬特性などの基本特性および無線特有の問題などを説明する．10.2 節では，地上固定無線通信を，10.3 節では無線通信特有の通信方式として多元接続を説明する．10.4 節では移動体通信の一環として携帯電話を紹介する．最後の 10.5 節では，非常用などの特殊用途に使う衛星通信を説明する．無線 LAN は，LAN の一部として 8.7 節で説明した．

10.1 電波の基本特性

無線で利用される電波は，光や X 線などと同じ電磁波の仲間である．電磁波の存在は 1864 年マクスウェル（J. C. Maxwell, 英国）により予言され，1888 年ヘルツ（H. R. Hertz, 独）により無線の空間伝搬が実証された．電磁波の速度を c，周波数を f，波長を λ で表すと，これらの間には

$$c = f\lambda \tag{10.1}$$

の関係がある．c は，電磁気学では実測値を基にして，

$$c = 2.99792458 \times 10^8 \, \text{m/s} \fallingdotseq 3.0 \times 10^8 \, \text{m/s} \tag{10.2}$$

で定義されている．

電波は，波長が 0.1 mm 以上（周波数が $3 \, \text{THz} = 3 \times 10^{12} \, \text{Hz}$ 以下）のものと定義され，周波数により分類された呼び名がそれぞれに付いている．無線に利用される電波はそのうち，マイクロ波帯が中心である．

本節では，無線で使用される電波の周波数帯と伝搬特性，および無線通信特有の問題と対策を説明する．

10.1.1 使用周波数帯

電波は有限の資源であり，混信を防止するため，無線で使用する周波数帯は国際的

には ITU-R で審議され，その割り当ては国（日本では総務省）により管理・運用されている．

無線で使用される周波数帯を図 10.1 に示す．マイクロ波帯の定義は分野により異なるが，通信ではおおむね 3〜30 GHz であり，ここでは指向性の高い通信が可能となる．とくに，電波の伝搬特性が安定している 4, 5, 6 GHz 帯や 20 GHz 帯（準ミリ波帯ともよばれる）はおもに公衆通信用の地上固定の長距離幹線系中継回線に，11, 15 GHz 帯はおもに短距離用に使用されている．携帯電話では 700 M〜2 GHz, 2.5 GHz 帯，3.5 GHz 帯が多く用いられている．無線 LAN には主として 2.4 GHz 帯，5 GHz 帯と 60 GHz 帯が利用されている．衛星通信には 1.5〜30 GHz の間でいくつかの範囲が使用されている．470 MHz 以下は，行政機関・船舶・航空機用など特殊な用途に使用されている．

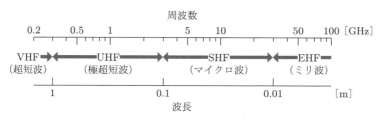

図 10.1　無線で使用される周波数帯

10.1.2　電波の伝搬特性

無線は伝搬媒体として空間をそのまま利用しているので，地形などの自然環境，建物や気象条件の影響を受けやすい．また，電波の伝搬特性は一般に周波数に依存する．

損失特性では大気中の分子だけでなく，雨や霧の影響が大きい．周波数が数 GHz 以上，とくに EHF 帯では降雨や霧による減衰が無視できなくなる．海上での霧の発生は，離島への無線通信が途絶する要因となる．水蒸気による減衰は 22 GHz と 183 GHz 近傍，酸素分子による減衰は 60 GHz と 119 GHz 近傍にある．

電波は波長が長いので，障害物の陰にも波動が回り込むという回折の効果が大きい．そのため，山岳などで遮られていても電波が遠くまで到達することがある．これを利用した，アンテナが直接見通せない位置への通信を**見通し外通信**とよび（図 10.2），UHF 帯で可能となる．一方，高周波では電波の指向性が強くなるため，アンテナが見える位置へ直接伝搬させる．これを**見通し内通信**とよぶ．アンテナは，導体中を流れる電気信号と空気中の電磁波とのやりとりを利用して，電波の放射・受信を行う装置である．

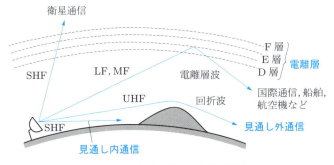

図 10.2　電波伝搬の様子と無線通信方式

　大気上空に存在する分子や原子が，太陽からの紫外線やX線などにより電離されてできた電子とイオンを多数含む層を**電離層**という．電離層は地上数10 km程度にあり，低い層からD・E・F層がある．E層は長波（LF帯，30〜300 kHz）と中波（MF帯，300 k〜3 MHz）を反射し，F層は短波（HF帯，3〜30 MHz）を反射するが，VHFより高周波は反射が少ない．地上からの電波を電離層で反射させる通信は，国際通信や船舶・航空機通信などの超長距離に利用されている．ちなみに，D層は電波を反射しない．

無線通信の周波数特性

(i) 周波数が高く（つまり波長が短く）なるほど，指向性（つまり直進性）が強くなり，回折が起こりにくくなる．そのため，高周波数帯は見通し内通信が主となる．低周波数帯は，超長距離通信や見通し外通信，あるいは携帯電話など建物内でも使用するものに望ましい．

(ii) 高周波数帯（SHF・EHF帯）は，帯域幅が広いため多くのチャネル数をとれる利点がある．しかし，天候や環境条件の影響による伝搬損失が大きく，壁などの障害物に弱いため，伝送距離が短くなる．一方，低周波数帯（VHF・UHF帯）は，伝搬損失が小さく，また障害物に強いため遠方まで到達し，伝送距離を長くできるが，帯域幅が狭いためにチャネル数が少なくなる．

例題 10.1　周波数 21.2 GHz の電波の波長は何 mm か．また，波長 0.25 m の電波の周波数を求めよ．
解答　式(10.1)を用いて，波長は $\lambda = c/f = 3.0 \times 10^8 / 21.2 \times 10^9$ m $= 14.2$ mm となる．周波数は $f = c/\lambda = 3.0 \times 10^8 / 0.25 = 1.2 \times 10^9$ Hz $= 1.2$ GHz となる．

10.1.3 無線通信特有の問題と対策

受信電界は，降雨などの気象条件，建物・対流圏大気・電離層などからの反射により不安定となることがある．このような要因による，電波電界の時空間的な不規則な変動を**フェージング**（fading）といい，無線通信では対策が不可欠である．

送信機から発せられた電波が，建物や地面からの反射などにより複数の経路を通って届くことを**多重伝搬路**（マルチパス：multi-path）とよび，これら複数経路による干渉で受信時に電界の不安定が生じるものを**マルチパスフェージング**とよぶ（図10.3）．また，降雨や霧などによる電波の散乱や吸収に起因するものを**減衰性フェージング**とよぶ．

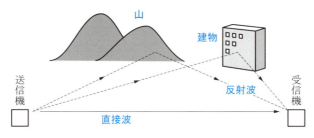

図 10.3　多重伝搬路（マルチパス）によるフェージング

移動体通信を使用する環境，とりわけ都市空間では，周辺の建物・構造物や樹木などからの反射や回折による電波が幾重にも重なり伝搬してくる．このような多重伝搬路中を携帯端末が移動すると，多重干渉により受信レベルが大きく変動し，マルチパスフェージングを生じる．この影響は降雨などの自然条件よりも大きい．

これらのフェージング対策は次のように考えられている．電波は，自由空間では横波であり，特定の向きの電界が小さくても，それに直交する向きの電界は大きいはずである．そこで，複数のアンテナを用意し，これらを上下または左右に設置して，合成値をとるかまたは大きい方の値をとるようにすると，受信電界が単独アンテナよりもかなり大きくなる．このような方法を**スペースダイバーシティ**（space diversity）とよび，マルチパスフェージングに対して有効である．

マルチパスフェージングの影響を低減し，周波数の利用効率を向上させる方法として，直交周波数分割多重（OFDM，3.3.4項参照）や，これを多元接続に拡張した直交周波数分割多元接続（OFDMA，10.3節参照）などが利用されている．

減衰性フェージングに対しては有効な手立てがなく，送信電力の増大や受信機の雑音指数の低減などに頼るしかない．

例題 10.2 送信機から受信機に電波を送る際，直接波と建物からの反射波の距離差が 60 m であるとする．このとき，次の問いに答えよ．ただし，空気の屈折率を 1.0 とせよ．
(1) 直接波と反射波の伝搬遅延時間差を求めよ．
(2) 伝送速度が 10 Mbps と 10 kbps の 2 値符号を送信する場合，直接波と反射波の各ビット間のずれの比率を求めよ．

解答 (1) 式 (10.2) の光速を利用すると，伝搬遅延時間差は $60/3.0×10^8$ s $= 2.0×10^{-7}$ s $=$ 200 ns となる．
(2) 符号の間隔は，10 Mbps の場合 $1/10×10^6$ s $=100$ ns，10 kbps の場合 $1/10×10^3$ s $=100$ μs となる．よって，前者では 2 ビットぶんずれ，後者では 200 ns/100 μs $=2.0×10^{-7}/1.0×10^{-4}=2.0×10^{-3}$ つまり 0.2% だけずれる．これより，高速になるほど多重伝搬路（マルチパス）の影響が大きいことがわかる．

10.2　地上固定無線通信

無線通信の歴史は古く，すでに 19 世紀末期から用いられている．国内の地上固定無線通信は，マイクロ波帯を用いて，1954 年にアナログの中継方式が，1969 年にはいち早くディジタルマイクロ波方式が商用化された．光ファイバ通信の実用化以後は，幹線中継系は同軸ケーブルや無線から光ファイバ通信に置き換えられている．

現在，地上固定無線方式は，地震などの非常災害用や信頼性確保のため，幹線系の多ルート化などを目的として，使用され続けている．多値変調を用いることにより，中継間隔によらず，性能面だけでなく経済面でも，ディジタル方式の方がアナログ方式よりも有利となっている．

ディジタル方式の地上固定無線通信では，まず音声や画像，データなどの情報を，PCM などを用いて 2 値符号のベースバンドパルス列に変換した後，搬送波（4, 5, 6 GHz 帯のマイクロ波など）に対して QPSK などのディジタル変調をする．送信側ではその変調された電波を，パラボラアンテナなどにより見通し内の直接波で空中に放射する（図 10.4）．受信側ではアンテナを用いて電波を受け，同期検波や遅延検波などを用いて，もとのパルス列に復号する．無線通信では，上りと下りで周波数を変え，障害や災害に備えて一つを予備システムとし，残りを現用システムとする．

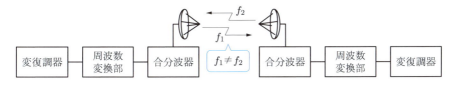

図 10.4　ディジタル方式地上固定無線通信システムの構成

無線通信では，伝搬路が不安定で雑音が入りやすく電界が減衰するので，ディジタル通信方式の再生中継を行うことにより，高品質の通信が行える．長距離用無線通信（4, 5, 6 GHz 帯）での中継間隔は 50 km，短距離用で数 km 程度である．たとえば，20 GHz 帯（17.7～21.2 GHz）を用いる準ミリ波無線方式では，伝送速度 400 Mbps，中継間隔 3～6 km，QPSK の再生中継で電話換算 5760ch を伝送している．そのほか，64QAM や 256QAM などの多値変調方式の導入により，周波数利用効率を向上させている．

10.3　多元接続方式

無線では混信を避けるため，使用周波数が重複しないようにする必要がある．使える周波数帯には制限があるので，有限の周波数資源を有効利用しなければならない．携帯電話や衛星通信では，同一時刻に多くの端末から通信できるようにチャネルを割り当てる方策が必要となる．複数の端末が無線局の一つの空き無線チャネルに接続できるようにする方法を**多元接続**（multiple access）あるいは多重アクセスという．多元接続には，周波数分割多元接続，時分割多元接続，符号分割多元接続，直交周波数分割多元接続の 4 種類がある（図 10.5）．

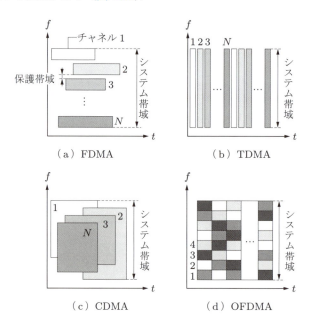

図 10.5　多元接続方式
(c) では各チャネルの周波数特性が異なっている．

図 (a) の**周波数分割多元接続**（**FDMA**: frequency division multiple access）は，与えられた周波数帯域を周波数軸上で分割して多数のチャネルを作り，その中から空きチャネルを選んで通信する方式である．干渉の影響を避けるためには，周波数分割多重方式と同じく，保護帯域を広くとる必要があり，一般に周波数利用効率が低下する．

図 (b) の**時分割多元接続**（**TDMA**: time division multiple access）は，特定の周波数の時間軸上を分割して，特定のタイムスロットを 1 チャネルとして合計 N の無線チャネルを作り，その中から空いているチャネルを選択して通信を行う方式である．ディジタル変調と多元接続の組み合わせでは，干渉の影響を低減できるので，周波数利用効率が上がる．TDMA は第 2 世代移動通信や PHS で使用された．

図 (c) の**符号分割多元接続**（**CDMA**: code division multiple access）は，同一の周波数帯を複数のユーザで共有して多元接続する技術の総称である．その中の直接拡散符号分割多元接続は，原信号の電波に各チャネルで異なる拡散符号を掛けることにより，周波数帯域の広い複数のチャネルを作り，送受信する方式である．拡散信号は原信号に擬似雑音符号などの不規則な符号（拡散符号）を掛け合わせて生成する（図 10.6）．周波数帯域が原信号よりも広げられているので，途中で原信号と同じ周波数帯の妨害電波が混入しても，受信側で，送信側と同じ拡散符号を掛け合わせて復調すると，妨害電波は単なる雑音となり，バンドパスフィルタに通すと原信号が復元できる．このように周波数帯を広げる方法は**スペクトル拡散**（spread spectrum）またはスペクトラム拡散とよばれる．

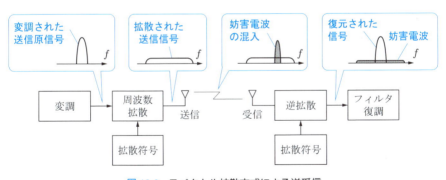

図 10.6　スペクトル拡散方式による送受信

CDMA の利点は，高い秘話性と秘匿性をもつ，多重伝搬路による遅延波の影響を受けにくい，各ユーザは同一の無線周波数を利用できるためハンドオーバが容易となるなどである．これは第 3 世代移動通信や無線 LAN で使用されている．

図 (d) の**直交周波数分割多元接続**（**OFDMA**: orthogonal FDMA）は，OFDM（3.3.4 項参照）を多元接続に応用したディジタル方式の一種である．電波を周波数軸と時

間軸で細かく分割して複数のサブキャリア群を作り，サブキャリアを複数の異なる
ユーザへ割り当てる方式である．OFDMA は，各ユーザのトラフィック状況（音声や
データ等の違い）に合わせた電波の効率的利用，マルチパスフェージングの影響の軽
減等の利点をもち，第 3.9 世代移動通信システムで使用されている．

10.4　移動体通信

　移動体通信は移動可能な通信端末を用いる通信の総称であり，PHS と携帯電話か
ら発展してきた．PHS（personal handy-phone system: 簡易型携帯電話）は経済性を
重視して固定電話網を利用した，セル半径が 300 m 前後の携帯端末で，1995 年に 1.9
GHz 帯を用いて開始された．PHS は携帯電話の普及とともに利用者数が減少してお
り，国内用の一部では 2018 年から新規受け付けが停止されている．

　移動通信システムの第 1 世代として，1979 年にセルラー方式自動車電話（東京都内
対象）が 800 MHz 帯を用いたアナログ通信で始まった．当時は重い端末，高価格，通
信エリアの狭さなどのため，利用者が限定されていた．その後，半導体技術の進展に
よる移動端末の小型・軽量化，1993 年のディジタル化，1.5 GHz 帯・2 GHz 帯の開拓
などを経て，多くの人が利用できる携帯電話へと進化し，2000 年には全国で使えるよ
うになった．

　さらに，液晶画面やカメラの搭載，インターネットとの接続による電子メールや情
報検索機能など，電話以外の多様な通信サービスが充実してきた．現在では，携帯電
話はスマートフォン（smart phone）として，電話とパソコンとの中間的な高機能通信
端末のはたらきもするようになってきている．携帯電話を端末としてインターネット
を利用する場合，ゲートウェイを介して TCP/IP を用いている．携帯電話は利用者
数が飛躍的に増加するとともに，技術革新のテンポが速い．

10.4.1　移動体通信の基本構成

　携帯電話を始めとする移動体通信では利用者が移動するので，端末の位置を検出す
るため，全サービス領域をセル（cell）とよばれる小ゾーンに分割し，各セルには一つ
の基地局が設置される（図 10.7）．複数の基地局からの信号は束ねられて制御局に集
められ，ここで相手側を呼び出すなどの通信制御を行う．端末と基地局の間の送受信
には異なる無線周波数を用い，基地局と制御局の間および制御局以降は光ファイバ通
信が使用されている．基地局とセル内の電波が届かない不感地帯（たとえば，地下駐
車場）の間では，光ファイバ無線が利用される．

　各端末に内蔵されたアンテナからは，その位置を知らせるため定期的に信号が発信

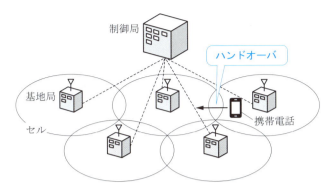

図 10.7　携帯電話網の構成

される．この信号は，遠くの基地局ほど弱く，近くの基地局ほど強く検出される．そのため，各基地局は，利用者から発信される信号レベルの強弱から利用者が現時点で属するセルを把握し，制御局に登録する．通信を始める際には，空きチャネルをうまく捉えるようにする必要がある．通信が開始されて，端末が移動してセルの境界部分に達するとき，接続を移行先の基地局へ瞬断なく切り替えることを**ハンドオーバ**またはハンドオフといい，信号レベルの大小で判断している．

　移動体通信でも，制限された帯域の中で良好な音質を得るため，音声符号化としてIP 電話と同様の CELP 方式が用いられている．

移動体通信技術の特徴

(i) 限られた無線周波数を多くのユーザーで利用する技術（周波数の有効利用）が求められる．
(ii) 不特定多数のユーザがアクセスできるようにする技術（多元接続）が必要になる．
(iii) 端末が移動しても通信が途切れないようにする技術（移動追跡）が必要になる．
(iv) 移動に伴う受信レベルの変動や使用環境の変化などの不安定な条件下での通信品質の維持（移動時の通信品質の維持）が求められる．
(v) 不正アクセス防止のための認証技術が不可欠となる．

10.4.2　セルラー方式

　使用が許可された無線周波数には限りがあるので，その制約の下で多くの利用者が使えるように，同一周波数を離れた小ゾーンで繰り返し使用する方式を**セルラー方式**

（cellular system）という．

全サービス領域を隙間なくカバーする正多角形のうち，中心から円状に電波が発せられたとき，隣接正多角形との重なりが一番小さくなるのは正六角形であり，通常これが用いられる．同一チャネルが繰り返される最小のセル数を基本繰り返しセル数といい，これを N で表すと，$N=1$，3，4，7，9，12，13，…となる（図 10.8）．

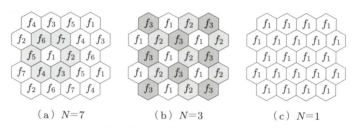

(a) $N=7$　　(b) $N=3$　　(c) $N=1$

N：基本繰り返しセル数，f_j：セル内の使用周波数

図 10.8　セルラー方式におけるセルの繰り返し構成
(b) は FDMA と TDMA で使用．(c) は CDMA で使用され，隣接セルが同一周波数も可能．

セルラー方式で多くのユーザを収容するには，基本繰り返しセル内に配置されるチャネル数を多くする必要がある．そのためには，N と基本繰り返しセルの面積を小さくし，それに対して多くのチャネルを割り当てればよい．セル面積を小さくすれば，全体のセル数が増加してコストがかさむが，送信電力を小さくできる利点がある．同一チャネルに対して生じる干渉は，ダイバーシティ技術で軽減できる．

セル半径は，通常数 100 m（都市部）から数 km（郊外）程度であり，地下街や建物内ではさらに小さくとられる．

10.4.3　携帯電話と移動通信システムの世代

移動通信システムの技術的変遷を表 10.1 に示す．第 1 世代（アナログ移動通信）で使用された FDMA と第 2 世代（ディジタル移動通信）での TDMA では，ともに基本繰り返しセル数が $N=3$ とされた（図 10.8 (b) 参照）．

第 3 世代では世界標準規格 IMT-2000（International mobile telecommunication 2000）が ITU-R により策定され，全世界で接続できる体制が整った．アクセス方式として CDMA を用い，$N=1$ つまり隣接セルでも同じ周波数が使用された（図 10.8 (c) 参照）．CDMA は高い秘話性が保持でき，移動端末は，隣接セルが同じ周波数で信号を同時に受信できるため，受信レベルの高低検出により瞬断なくハンドオーバできる（これをソフトハンドオーバという）．さらに，ダイバーシティや誤り補償技術，

表 10.1　移動通信システムの技術的変遷

世　代	第 1 世代	第 2 世代	第 3 世代	第 3.9 世代	第 4 世代	第 5 世代
サービス開始	1979 年	1993 年	2001 年	2010 年	2016 年	2020 年
周波数帯	800 MHz	800 M・1.5 GHz	2 GHz	2.5 GHz	3.4〜3.6 GHz	3.4・3.7・4.5・28 GHz 等
通信速度[bps]	—	数 k	2 M	75 M・100 M	100 M・1 G（高・低速移動時）	10 G 以上
通信方式	FDMA	TDMA	CDMA	LTE	LTE-Advanced	NR(new radio)
特記事項	アナログ,音声のみ	ディジタル方式	世界標準規格の導入	全世界の携帯電話と接続	全情報のデータ通信での扱い	IoT に対応

遅延に強い変調方式などが導入された.

　第 3.9 世代では第 4 世代を先取りする形で，携帯電話の通信規格 LTE と移動体通信向け規格のモバイル WiMAX が導入された．LTE（long-term evolution）の特徴は，① パケット交換方式による通信網の簡素化，② OFDMA（図 10.5 (d) 参照）や MIMO（multiple-input and multiple-output: 多アンテナ化により，使用周波数帯域を増加させることなく，無線通信を高速化する技術）を用いた下り回線の高速化，などである．2005 年に導入されたモバイル WiMAX（worldwide interoperability for microwave access）は，1〜3 km 程度の距離で高速無線通信を行える．これは 2.5 GHz 帯で OFDMA，64QAM，認証機能などを用い，低遅延のハンドオーバ，20 MHz の帯域幅で最大伝送速度 100 Mbps が可能である．音声通信は VoIP で対応している．

　第 4 世代（2012 年に ITU-R で承認）として第 3.9 世代を高度化した規格には，LTE-Advanced および Wireless MAN-Advanced がある．周波数 3.4〜3.6 GHz，帯域幅 100 MHz が使用されている．全情報をデータ通信で扱い，回線を光ファイバ並みの高速（下りが高速移動時に 100 Mbps 以上で低速移動時に 1 Gbps 以上，上りが 50 Mbps 以上）にすることである．

　第 5 世代は世界標準規格 IMT-2020 を満たすシステムであり，2020 年にサービスが開始された．これは自動運転，遠隔医療，高精細の映像伝送など，IoT の本格的な実現のため，超高速・大容量伝送（10 Gbps 以上），多数同時接続（10^6 台/km^2），高信頼・超低遅延（1 ms 以下）の安定した通信環境の提供を目標としている．

10.5　衛星通信

　衛星通信（satellite communication）とは，衛星を介して地上にある複数のアンテナ間で通信を行うものであり，地球規模での通信を可能にする．これはおもに国際通信に用いられるが，国内の非常災害用，移動体衛星通信，衛星放送などにも使用され

る．衛星は赤道上空約 36000 km にあり，地球の自転周期と同じ時間で地球を 1 周するため，地上からは衛星が静止しているように見えるので，静止衛星ともよばれる．

増幅器を搭載した本格的な衛星で，最初に大陸（米欧）間で TV 中継が行われたのは 1962 年である．日本初の静止衛星は 1977 年のさくらであり，Ka 帯（30/20 GHz 帯，準ミリ波）が用いられた．

衛星通信システムの基本構成は，地上にある地球局とトランスポンダ（中継器）を搭載した衛星からなる（図 10.9）．地球局と衛星の間は長距離で，受信電波信号が微弱となるから，両者とも増幅器で増幅することが必須となる．地球局は，電力増幅器で増幅した信号をアンテナに送り，ここから電波を衛星に向けて発射するとともに，衛星からの電波をアンテナで受信する機能を備えている．地球局のアンテナの半径は，地上固定無線方式よりも大きな利得を得るため，10 m 程度になる場合もある．衛星に搭載されるトランスポンダは，アンテナで受信した微弱電波を増幅した後，別の周波数に変換して，送信アンテナから電波を地上に向けて発射するものである．多数のトランスポンダを積む衛星もある．

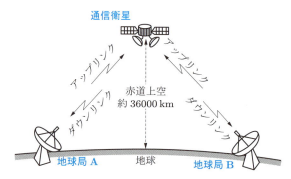

図 10.9　衛星通信の基本構成
下りには減衰の少ない低周波側を割り当てる．

衛星通信で使用する周波数帯も国際的に取り決められている．受信レベルに大きな影響を与えるのは降雨であり，これによる電波の減衰は，10 GHz 以上，とくに EHF 帯以上の高周波で激しい．また，地球局と衛星の間には，VHF 帯以下の低周波を反射する電離層がある．そのため，**電波の窓**（radio window）とよばれる，減衰が比較的少ない 1〜10 GHz 帯近傍が使用される．

地球局から衛星への回線をアップリンク（up link）または上り回線，その逆をダウンリンク（down link）または下り回線とよぶ．混信防止のため，上りと下りに異なる周波数を割り当てているが，衛星に搭載できる増幅器等の機器の重量などに制限があ

るため，減衰が少ない低周波を下りに割り当てている．通常，（上り周波数帯/下り周波数帯）として表示する．

当初 C 帯（6/4 GHz 帯）が広く用いられたが，その後は Ka 帯（30/20 GHz 帯）と Ku 帯（14/12 GHz 帯）が多い．Ka 帯では伝送速度 65 Mbps，電話換算 480ch である．

衛星通信でも，サービスエリア内にある多数の地球局から衛星に向けて信号を送受信できるようにする必要があり，多元接続方式（10.3 節参照）が利用される．FDMA 方式は TDMA 方式に比べて装置が簡単で経済的となるため，広く用いられている．FDMA では，複数の地球局が割り当てられた異なる周波数 f_{Uj} を用いて送信すると，衛星では共通増幅された後に周波数変換され，別の周波数 f_{Dj} で地上へ送信される．受信する地球局は，すべての周波数帯の中から自局宛の信号を判別して受信する．CDMA は広帯域な増幅器を必要とし，周波数利用効率が悪いなどの理由により，衛星通信ではあまり利用されない．

衛星通信の特徴

(i) 同報性・広域性：同じ情報を，地球規模の広い範囲に分布する多数の地球局で受信できる．

(ii) 耐災害性・即応性：地上局を設置することにより，すぐに通信が行える．地震や台風など，地上の災害の影響を受けにくいので，地上局が災害を受けたとき，簡易移動型を用いてバックアップに使える．

(iii) 長い伝搬距離：伝送距離が長いので，伝搬遅延が約 0.24 秒ある．伝搬損失が大きいため，電波の窓とよばれる特定の周波数帯が使用される．

○ **演習問題** ○

10.1 無線の高・低周波数帯に対する伝搬特性の特徴を述べ，地上固定無線，携帯電話，衛星通信など，具体的な応用との関係を説明せよ．

10.2 無線通信に関する次の文章の（　）内に適切な用語を入れよ．

無線通信で使用される中心の周波数帯は（　①　）波である．電波は周波数が高くなるほど（　②　）が強まるため，アンテナが見える位置へ直接伝搬させる（　③　）通信が中心になる．また，高周波では（　④　）が広いために多くのチャネルをとることができるが，天候や環境条件の影響で伝搬損失が多くなるので（　⑤　）が短くなる．

携帯電話では，送受話者の位置を把握するため，全サービス領域を（　⑥　）という小ゾーンに分割し，各（　⑥　）には一つの（　⑦　）を設置する．話者が（　⑥　）間を移動しても瞬断なく接続を切り替えることを（　⑧　）という．無線特有の問題として，周辺

の建物や構造物などに反射されて異なる経路で電波が届くことを（ ⑨ ）とよぶ．第3.9世代の携帯電話では，通信方式規格として（ ⑩ ）が採用され，通信速度の高速化が図られている．

10.3 無線通信の特徴を，光ファイバ通信などの有線通信と比較して述べよ．また，無線特有の問題とその解決策を説明せよ．

10.4 静止衛星を利用した通信で，地上局から発した電波が衛星を経由して別の地上局に届くまでに要する時間 t を求めよ．ただし，地上局から衛星までの距離を 36000 km，大気はすべて真空とし，衛星や地上局内部での回路等による遅延を無視せよ．

10.5 周波数帯域幅 20 MHz の無線通信システムで，変調方式として 16QAM を用いるとき伝送速度 15.0 Mbps が達成されているとする．同じ帯域幅で 256QAM を用いるとき，実現できる伝送速度を求めよ．ただし，回路等による遅延が無視できるものとする．

10.6 次の用語について説明せよ．
（1）電離層 　（2）フェージング 　（3）CDMA

◦ 総合学習問題 ◦

S1 パケット多重・交換はいくつかの欠点があるにもかかわらず，現代の通信ネットワークで主役の座を占めている．その背景や理由を説明せよ．

S2 セルを用いた ATM は，当初の目論見に反して必ずしも普及していない．その理由およびその考え方はその後どのような形で活かされているか，調べよ．

S3 音声とデータのトラフィックとしての性質の違いを述べ，これらのトラフィク量の変化と通信ネットワークの変遷との関連を説明せよ．

S4 多重化方式が PDH，SDH，光伝達網（OTN）と変遷してきた．各方式での顕著な違いとその背景を説明せよ．

S5 光ファイバ通信はどのような形でインターネットや LAN の普及に寄与しているか．具体的に説明せよ．

S6 移動体通信と無線 LAN は，無線を利用した近年進展を遂げている通信システムである．相互に影響を及ぼし合っている技術を調べよ．

演習問題解答

○ 1章 ○

1.1 1.2.2 項参照.

1.2 1.3.2 項参照.

1.3 1.3 節参照.

1.4 1.4 節参照.

1.5 $2018 \cdot 8/(64 \times 10^3 \cdot 0.8)$ s$=315.3$ ms

1.6 (1) 1.2.2 項参照. (2) 1.4.1 項参照. (3) 1.5 節参照.

○ 2章 ○

2.1 2.1 節と 2.5.2 項参照.

2.2 シャノンの理論式 (2.1) を用いて,最大伝送速度は,SN 比が 20 dB の場合,$C=4.0 \times 10^3 \log_2 (1+100) = 2.66 \times 10^4$ bps$=26.6$ kbps となる.また SN 比が 30 dB の場合,$C=4.0 \times 10^3 \log_2 (1+1000) = 3.99 \times 10^4$ bps$=39.9$ kbps となる.これらの値より,2.4.3 項で求めた電話に対する伝送速度の方が大きいから,64 kbps で送信する場合には必ず誤りが一定の割合で生じることを意味している.

2.3 2.4.1 項参照.

2.4 2.5.1 項参照.

2.5 2.5.2 項参照.

2.6 (1) 2.5.1 項参照. (2) 2.5.2 項参照. (3) 2.6 節参照.

○ 3章 ○

3.1 3.1 節参照.

3.2 ①位置,②ラベル,③同期,④非同期またはスタッフ,⑤スタッフ,⑥バーストまたは間欠,⑦パケット,⑧セル,⑨ソフトウェア,⑩ハードウェア

3.3 2.4.3・3.4.1 項参照.

3.4 3.5 節参照.

3.5 3.5.2 項参照.

3.6 (1) 3.4.1 項参照. (2) 3.4.1 項参照. (3) 3.4.2 項参照.

○ 4章 ○

4.1 4.1 節参照.

150 演習問題解答

4.2 ①回線, ②蓄積, ③タイムスロット, ④パケット, ⑤可変, ⑥フレームリレー, ⑦ ATM, ⑧セル, ⑨と⑩回線交換, フレームリレーまたは ATM 交換（順不同）

4.3 4.3～4.6 節参照.

4.4 4.6 節参照.

4.5 4.4.2 項参照.

4.6 （1）4.2 節参照. （2）4.5 節参照. （3）4.6 節参照.

─────── ○ **5 章** ○ ───────

5.1 （1）$-1.08\,\mathrm{dBm}$ （2）$77.1\,\mu\mathrm{W}$ は $-11.13\,\mathrm{dBm}$ で, 全 長 で の 損 失 は $-1.08-(-11.13)=10.05\,\mathrm{dB}$ だから, $1\,\mathrm{km}$ あたりの損失は $10.05/15.0=0.67\,\mathrm{dB/km}$ となる. （3）$T=85.7\%$

5.2 5.3.2・5.3.3 項参照.

5.3 距離 L [km] 伝搬後の色分散によるパルス広がりは $4.0 \cdot 5.0L=20L$ [ps] なので, 光パルス幅は $\delta w=[(10)^2+(20L)^2]^{1/2}$ [ps] となる. 伝送速度 $1.0\,\mathrm{Gbps}=10^9\,\mathrm{bps}$ は $\delta w=10^{-9}\,\mathrm{s}=10^3\,\mathrm{ps}$ に対応するから, これを満たす距離は $L≒50\,\mathrm{km}$ となる. $500\,\mathrm{Mbps}=5\times10^8\,\mathrm{bps}$ は $\delta w=2\times10^3\,\mathrm{ps}$ に対応し, これを満たす距離は $L≒100\,\mathrm{km}$ となる.

5.4 5.1 節と 5.3.2・5.3.3 項参照.

5.5 3.6・5.3 節参照.

5.6 5.5 節参照.

5.7 （1）5.3.3 項参照. （2）5.4.1 項参照. （3）5.4.2 項参照.

─────── ○ **6 章** ○ ───────

6.1 3.6・6.2 節参照.

6.2 $c=f\lambda$ より $df=-(c/\lambda^2)d\lambda$ が得られる. これに $c=3.0\times10^8\,\mathrm{m/s}$, $\lambda=1.550\times10^{-6}\,\mathrm{m}$, $d\lambda=0.8\times10^{-9}\,\mathrm{m}$ を代入して, $df=99.9\,\mathrm{GHz}≒100\,\mathrm{GHz}$ となる.

6.3 6.3.3 項参照.

6.4 6.4 節参照.

6.5 6.5 節参照.

6.6 （1）6.2.2 項参照. （2）6.2.2 項参照. （3）6.3.3 項参照.

─────── ○ **7 章** ○ ───────

7.1 7.2.2・7.2.3 項参照.

7.2 TCP：①, ③, ④, UDP：②, ⑤, ⑥.

7.3 MSS が 1460 バイト, MTU が 1500 バイトである. したがって, セグメンテーションの場合, 必要なイーサネットフレームの数 m は $X/1460≦m$ を満たす最小の整数で, $X=50000$ のとき $m≧34.2$ で $m=35$ となる. 一方, フラグメンテーションの場合, $(X+20)/(1500-20)≦m$ を満たす最小の整数 m で得られ, $X=50000$ のとき $m≧33.8$ で $m=34$ と

演習問題解答　　*151*

なる.

7.4　10 進数の 140 は $140 = 128 + 8 + 4 = 2^7 + 2^3 + 2^2$ と書け, 2 進数では 1000 1100 となり, 2 進数の上・下位 4 ビットが 16 進数に対応するから 16 進数で 8C と書ける. 10 進数の 70 は $70 = 64 + 4 + 2 = 2^6 + 2^2 + 2^1$ と書け, 2 進数では 01000110, 16 進数では 46 と書ける. 10 進数での 5 は 2 進数では 00000101, 16 進数では 05 と書ける. 10 進数での 192 は例題 7.2 で求めている. よって, IPv6 では "0:0:0:0:0:0:C08C:4605" または "::C08C:4605" と書ける.

7.5　(1) 10 進数での第 1 区画の 166 は $166 = 128 + 32 + 4 + 2 = 2^7 + 2^5 + 2^2 + 2^1$ と書け, 2 進数では 10100110 となる. 第 2 区画の 17 は $17 = 16 + 1 = 2^4 + 2^0$ と書け, 2 進数では 00010001 となる. よって, 求める 2 進数表記は 10100110 00010001 00000000 00000000 となる.

(2) サブネットは次のとおりである.

2 進数表記	プリフィックス長方式
10100110 00010001 00000000 00000000	166.17.0.0/18
10100110 00010001 01000000 00000000	166.17.64.0/18
10100110 00010001 10000000 00000000	166.17.128.0/18
10100110 00010001 11000000 00000000	166.17.192.0/18

7.6　7.6 節参照.

7.7　(1) 7.3 節参照.　(2) 7.2.5 項参照.　(3) 7.6 節参照.

--- ○ **8 章** ○ ---

8.1　①TCP, ②データグラム, ③フレーム, ④コネクション, ⑤イーサネット, ⑥バス, ⑦IP アドレス, ⑧MAC アドレス, ⑨ルータ, ⑩スイッチングハブ

8.2　①CSMA/CA, ②アクセスポイント, ③イーサネット, ④データリンクまたは MAC 副, ⑤スペクトル拡散

8.3　イーサネットフレームのデータ部の長さは可変で最大長が 1500 バイト, ヘッダ長が 14 バイト, FCS が 4 バイトである. よって, ヘッダが占める割合は $14/(1500 + 14 + 4) = 0.0092$ で約 0.9% となる. 一方, ATM セルの長さは固定で全長が 53 バイト, ヘッダ長が 5 バイトだから, ヘッダが占める割合は $5/53 = 0.094$ で約 9.4% となる. ATM セルのヘッダ割合はイーサネットフレームの約 10 倍となる.

8.4　8.6.1 項参照.

8.5　端末 A が衝突を知るうえで最悪のケースは, 端末 A からもっとも遠い端末 B の直前で衝突が発生する場合である. このとき, 衝突に一番近い端末 B から発せられたジャム信号が端末 A に届くことで端末 A は衝突を知り, 送信を中止できる. すなわち, 信号の AB 間の往復伝送時間が, 最小サイズのフレームの送信時間よりも短ければよい. 往復伝送時間は $5.5 \times 10^{-9} \cdot 2500 \cdot 2$ s $= 27.5$ μs となる. フレームの最小バイト数を m バイトとすると,

152　演習問題解答

10BASE5 でのフレームの送信時間は $8m/(10\times10^6)$ [s]＝$0.8m$ [μs] となる．よって，$0.8m\geqq27.5$ を満たす最小の整数は $m\geqq34.4$ より $m=35$ となる．回路等による遅延時間の余裕をみて，最小バイト数が 64 バイトに設定された．

8.6　(1) 8.5.1 項参照．　(2) 7.6 節・8.5.2 項参照．　(3) 8.7 節・10.3 節参照．

○ **9 章** ○

9.1　9.2 節参照．

9.2　9.3 節・9.4.2 項参照．

9.3　9.4 節参照．

9.4　9.5 節参照．

9.5　(1) 9.1.1 項参照．　(2) 9.1.2 項・9.3.2 項参照．　(3) 9.5 節参照．

○ **10 章** ○

10.1　10.1 節参照．

10.2　①マイクロまたは SHF，②指向性または直進性，③見通し内，④帯域幅，⑤伝送距離または到達距離，⑥セル，⑦基地局，⑧ハンドオーバまたはハンドオフ，⑨多重伝搬路またはマルチパス，⑩LTE

10.3　10.1 節参照．

10.4　地上から衛星までの往復距離を電波の速度で割って求められる．式 (10.2) を利用して，$t=(2\cdot36000\times10^3)/(3.0\times10^8)=0.24$ s となる．これより，衛星通信を用いた電話では自然な会話ができないことがわかる．

10.5　16QAM では 1 シンボルで 4 ビット，256QAM では 16 ビット送信できるから，256QAM での伝送速度は $15.0\cdot(16/4)=60.0$ Mbps となる．

10.6　(1) 10.1.2 項参照．　(2) 10.1.3 項参照．　(3) 10.3 節参照．

○ **総合学習問題** ○

S1　3.5・4.4・9.1 節など参照．

S2　4.6・9.1・9.3 節など参照．

S3　3.5・6.4 節など参照．

S4　3.6・6.2・6.4 節など参照．

S5　5.5・6.4・8.3 節，9 章など参照．

S6　8.7・10.4 節など参照．

参考書および参考文献

本書を執筆するに際して参考にした書籍・資料および学習に役立つ書籍を以下に示す.

□通信ネットワーク

松下　温：図解　通信ネットワークの基礎，昭晃堂，1998

辻井重男・河西宏之，坪井利憲：ディジタル伝送ネットワーク，朝倉書店，2000

森本喜一郎：通信とネットワークの基礎知識，昭晃堂，2000

井上伸雄：基礎からの通信ネットワーク（増補改訂版），オプトロニクス社，2008

遠藤靖典：改訂　情報通信ネットワーク，コロナ社，2010

S. K. Schlar 著，杉野　隆訳：X.25 プロトコル入門，オーム社，1992

□インターネット・情報ネットワーク

長坂康史：情報通信ネットワークと LAN，コロナ社，2001

村上泰司：ネットワーク工学，森北出版，2004

江崎　浩：ネットワーク工学 ―インターネットとディジタル技術の基礎―，数理工学社，2007

池田博昌・山本　幹：情報ネットワーク工学，オーム社，2009

滝根哲哉編著：情報通信ネットワーク，オーム社，2013

宮保憲治・田窪昭夫・武川直樹・八槇博史：ネットワーク技術の基礎 第 2 版，森北出版，2015

M. Goncalves・K. Niles 著，生田りえ子・勝本道哲・重野　寛訳：IPv6 プロトコル徹底解説，日経 BP 出版センター，2001

□光ファイバ通信・光ネットワーク

末松安晴・伊賀健一：光ファイバ通信入門（改訂 3 版），オーム社，1989

左貝潤一：光通信工学，共立出版，2000

菊池和朗監修：光情報ネットワーク，オーム社，2002

石尾秀樹：光通信，丸善，2003

佐藤健一・古賀正文：広帯域光ネットワーキング技術 ―フォトニックネットワーク―，電子情報通信学会，2003

富澤将人・石田　修：光ネットワーク（OTN）とイーサネット関連技術，OPTRONICS，no.8 (2012) 141-147.

□無線通信

初田　健・小園　茂・鈴木　博：無線・衛星・移動体通信，丸善，2001

大友　功・小園　茂・熊澤弘之：ワイヤレス通信工学（改訂版），コロナ社，2002

正村達郎編：移動体通信，丸善，2006
田中　博、風間宏志：よくわかるワイヤレス通信，東京電機大学出版局，2009
総務省ホームページ：http://www.tele.soumu.go.jp/j/adm/freq ほか

□**通信工学**
福田　明：基礎通信工学　第 2 版，森北出版，2007
山下不二雄・中神隆清・中津原克己：通信工学概論（第 3 版），森北出版，2012

索　引

英数先頭

2 相 PSK	*31*
3R 機能	*28*
4 相 PSK	*31*

ADM　*50*
AES　*119*
AMI 符号　*30*
APD　*72*
APSK　*31*
ARPANET　*91*
ASK　*30*
ATM　*43, 58*
ATM 交換　*58*
AWG　*83*

BGP　*103*
BPSK　*31*

CELP　*125, 143*
CCITT　*16*
CDMA　*141*
CIDR　*103*
CIR　*58*
CMI 符号　*30*
CSMA/CA　*118*
CSMA/CD　*113*
CWDM　*82*
C バンド　*82*

DiffServ　*126, 133*
DIX 規格　*108, 111*
DLCI　*57*
DWDM　*82*

EDFA　*71*
Ethernet over WDM　*123*

FCS　*42, 111*
FDDI　*116*
FDM　*36*
FDMA　*141*
FEC　*87*
FSK　*31*
FTTH　*88*

GMPLS　*124*

HDLC　*42, 122*

IEEE　*16*
IEEE802.3 規格　*108, 111*
IMS　*133*
IMT-2000　*144*
IMT-2020　*145*
IoT　*134, 145*
IP　*94*
IP over ATM　*122*
IP over SDH　*121*
IP over WDM　*122*
IPsec　*131*
IPv4　*99*
IPv6　*100*
IP-VPN　*127*
IP アドレス　*99*
IP データグラム　*97*
IP 電話　*124*
IP パケット　*13, 41, 96, 121*
IP マルチメディアサブシステム　*133*
ITU　*16*
ITU-R　*16*
ITU-T　*16*

LAN　*91, 107*

LAN カード　*112*
LAN スイッチ　*114, 128*
LED　*70*
LLC 副層　*108*
LTE　*145*

MAC アドレス　*112*
MAC 副層　*109*
MAC フレーム　*111*
mB/nB 符号　*30*
MIMO　*145*
MPLS　*123*
MPLS ラベル　*128*
MSS　*98*
MTU　*98*

NGN　*132*
NRZ　*29*
n 進数　*16*

OADM　*84*
OFDM　*38*
OFDMA　*141*
OOK　*30, 63, 69*
OP　*84*
OSI 参照モデル　*11*
OSPF　*103*
OTN　*85*
OTUk　*86*
OXC　*84*
O バンド　*82*

PAD　*54*
PCM　*23*
PDH　*45*
PHS　*142*
pin フォトダイオード　*71*
PON　*89*
PPP　*122*
PSK　*31*

QAM　*31*
QoS　*126*

QPSK　*31*

RIP　*103*
ROF　*37*
RTP　*126*
RZ　*29*

SDH　*77*
SIP　*126, 133*
SONET　*77*
SSL　*132*
STM　*52*
STM-N　*77*
STP ケーブル　*5*

TCP　*94*
TCP/IP　*94*
TCP セグメント　*97*
TDM　*35*
TDMA　*141*
TLS　*132*

UDP　*95, 125*
UTP ケーブル　*5, 110*

VC　*43*
VCI　*43, 58*
VLAN　*115*
VLAN タグ　*129*
VLSM　*102*
VoIP　*125*
VoIP 電話　*124*
VP　*43*
VPI　*43, 58*
VPN　*127*

WAN　*126*
WDM　*37, 81*
WEP　*119*
Wi-Fi　*118*

X.25 プロトコル　*55*
XC　*50*

索 引

あ 行

アクセス系　88
アクセスポイント　118
アクティブダブルスター　89
アドドロップ装置　50
アドホックモード　119
アドレス
　ブロードキャスト——　101, 113
　マルチキャスト——　101, 113
　ユニキャスト——　101, 113
アナログパルス変調　20
アナログ変調　20, 21
アナログ変調方式　20
アバランシュフォトダイオード　72
誤り訂正　24, 73, 87
アレイ導波路回折格子　83
暗　号　130
アンテナ　136
イーサネット　86, 109
イーサネットフレーム　111
位相シフトキーイング　31
位相変調　20, 21
位置多重化　35, 38, 52
移動体通信　142
移動通信システム　144
インターネット　91
インターネット VPN　132
インターネット電話　124
インフラストラクチャモード　118
衛星通信　145
エルビウム添加光ファイバ増幅器　71
オクテット　16
オーバヘッド　42, 87
音声情報　25

か 行

回　線　35
回線交換　51
階層型ネットワーク　10
角度変調　21
画　素　26
仮想 LAN　115
仮想回線方式　55

仮想私設網　127
画像情報　26
仮想チャネル　43
仮想チャネル識別子　43, 58
仮想パス　43
仮想パス識別子　43, 58
仮想波長パス　84
ガードバンド　36
カプセル化　124, 128
可変長サブネットマスク　102
ギガビットイーサネット　109, 123
基地局　142
基底帯域信号　19
希土類添加光ファイバ増幅器　70
逆多重化　7, 34
共通鍵暗号　130
強度変調　30
クラスフル方式　101
クラスレス方式　101
クロスコネクト　50
グローバルアドレス　99
携帯電話　142
経路表　103
ゲートウェイ　105, 125, 142
広域イーサネット　128
広域ネットワーク　126
公開鍵暗号　130
交　換　8, 49
高速イーサネット　109
高速無線 LAN　119
固定電話　39
コーデック　24
コネクション　14, 55, 94
コネクション型通信　14, 52, 54, 58
コネクションレス型通信　15, 55

さ 行

再生中継　27, 63, 71, 87, 140
再生中継器　28
サービスストラタム　133
サブキャリア多重　37
サブネット　101
サブネットマスク　102

シグナリング　14, 52
次世代ネットワーク　132
時分割多元接続　141
時分割多重　35
シムヘッダ　123
周波数分割多元接続　141
周波数分割多重　35, 36
周波数変調　20, 21
集　約　103
冗長符号　30, 73, 110
自律システム　92
シングルスター　88
シングルモードファイバ　65
信　号　18
信号点配置図　32
振幅変調　20, 21
シンボルレート　15
スイッチングハブ　105, 114
スター型　9, 48, 88, 114
スタッフ多重　40
スタッフ同期　40
スタッフパルス　40
スペクトル拡散　119, 141
スペースダイバーシティ　138
スループット　16
石英系光ファイバ　64
セクションオーバヘッド　79
セグメンテーション　98
接　続　14
セル（ATM セル）　43, 58
セル（移動体通信）　142
セル多重　43
セルラー方式　143
セルリレー　58
ゼロ分散波長　68, 82
線形中継　28, 63
全二重通信　5, 114, 126
双方向通信　4
側波帯　22
損失波長特性　66

た 行

帯域圧縮　27

帯域伝送　18
タイムスロット　39, 52
タグフレーム　129
多元接続　140
多重アクセス　140
多重化　7, 34
多重伝搬路　119, 138
多重度　35
多値変調　31
多モード光ファイバ　65
単一モード光ファイバ　65, 77, 110
単極 NRZ　29
単極 RZ　29
単方向通信　4
端　末　4
蓄積交換　51
地上固定無線通信　139
チャネル　35
中継間隔　28
直接変調　63, 69
直交周波数分割多元接続　141
直交周波数分割多重　38
直交振幅変調　31
ツイストペアケーブル　5
通信速度　15
通信ネットワーク　7, 72
通信路　5, 35
ツリー型　9
ディジタルパス　78
ディジタルパルス変調　20
ディジタル変調方式　20, 30
データグラム　56
データグラム方式　56
データリンクコネクション識別子　57
デマルチプレクサ　34
電子認証　131
転送ストラタム　133
伝送速度　15
伝送帯域　67
伝送路　5
伝送路符号形式　29
伝送路容量　19
電波の窓　146

索引 159

電離層　137
同期多重　38, 77
同期ディジタルハイアラーキ　77
同期転送モード　52
同軸ケーブル　6
導波モード　65
トークンパッシング　115
トークンリング　115
トラフィック　7
トランスポートモード　131
トレーラ　14, 41, 111
トンネリング　124, 128
トンネルモード　131

な 行

認定情報速度　58
ネットマスク　102
ネットワークインタフェースカード　112
ネットワークトポロジー　8
ノード　7

は 行

バイト　16
バイポーラ符号　30
パケット　41, 54, 96
パケット交換　53, 96
パケット多重　41
パス　35, 50
パスオーバヘッド　79
バス型　8, 113
バーチャルコンテナ　78
波長パス　84
波長分割多重　37
波長分割多重通信　80
バックオフ時間　113, 118
発光ダイオード　70
パッシブダブルスター　89
ハブ　114
パルス位置変調　20
パルス振幅変調　20
パルス幅変調　20
パルス符号変調　20, 23, 63
パルス変調　19

搬送波　18
半導体レーザ　69
ハンドオーバ　118, 143
　ソフト——　144
ハンドオフ　118, 143
半二重通信　5
光アクセス系　88
光アドドロップ　84
光カットスルー　84
光クロスコネクト　84
光増幅器　70
光直接増幅　63
光伝達網　85
光ネットワーク　76
光パス　84, 122
光ファイバ　6, 64, 110
　グレーデッド形——　65
　ステップ形——　65
　非ゼロ分散シフト——　83
　分散シフト——　68, 77, 82
光ファイバケーブル　6
光ファイバ通信　61
光ファイバ無線　37, 142
ピクセル　26
ビット　16
ビット同期　111
非同期多重　40
非同期ディジタルハイアラーキ　45
非同期転送モード　58
標本化　23
標本化定理　23
フェージング　138
　減衰性——　138
　マルチパス——　138
フォトダイオード　71
フォトニックネットワーク　81
復号化　24
復号器　24
復調　4, 18
復調器　21
符号誤り率　28
符号化　23
符号間干渉　28

160　索引

符号器　24
符号分割多元接続　141
符号分割多重　36
プライベートアドレス　99, 127
フラグシーケンス　42, 57
フラグ同期　42
フラグメンテーション　98
プラスチックファイバ　64
フラット型ネットワーク　10
プリアンブル　111
ブリッジ　105
プリフィックス長　102
フレーム　13, 39, 52, 57, 96
フレームチェックシーケンス　41, 111
フレーム同期　39
フレームリレー　57
プロトコル　11, 93
ブロードバンド伝送　18
プロバイダ　91
分　散　67
　　色——　67
　　偏波——　68
　　モード——　67
平衡対ケーブル　5
ペイロード　13, 41, 87, 111
ベストエフォート型通信　56, 92
ベースバンド信号　19
ベースバンド伝送　19
ヘッダ　13, 41
変　調　4, 18
変調器　21
変調信号　20
変調速度　15
変調多値数　32
ポインタ　80
保護帯域　36
ホスト　4
ポート番号　95
　常用——　96

ま 行

マイクロ波　136

マルチパス　138
マルチプレクサ　34
マルチモードファイバ　65
マンチェスタ符号　30
見通し外通信　136
見通し内通信　136
無　線　5, 6
無線 LAN　117
無線通信　135
メッシュ型　9, 48, 73, 85, 92
モデム　21
モノのインターネット　134
モバイル WiMAX　145

や 行

有　線　5
撚り対線　5, 109, 115

ら 行

ラベル　123
ラベルスイッチパス　123
ラベル多重化　36, 41
リピータ　105
量子化　23
量子化雑音　24
リンク　7
リング型　9, 115
ルータ　105
ルーティング　56, 103
　静的——　103
　動的——　103
ルーティングテーブル　103
レイヤ 2 スイッチ　105, 114
レーザダイオード　69
連続波変調　19
ローカルエリアネットワーク　107
論理多重通信　57

わ 行

ワイヤレス通信　135

著者略歴

左貝　潤一（さかい・じゅんいち）
1973 年　大阪大学大学院工学研究科修士課程修了（応用物理学専攻）
現在　　立命館大学名誉教授・工学博士

編集担当　富井　晃（森北出版）
編集責任　石田昇司（森北出版）
組　　版　コーヤマ
印　　刷　エーヴィスシステムズ
製　　本　ブックアート

通信ネットワーク概論　　　　　　　　　　　　　© 左貝潤一　*2018*

2018 年 8 月 15 日　第 1 版第 1 刷発行　　　【本書の無断転載を禁ず】
2022 年 3 月 10 日　第 1 版第 2 刷発行

著　者　左貝潤一
発 行 者　森北博巳
発 行 所　森北出版株式会社
　　　　　東京都千代田区富士見 1-4-11（〒102-0071）
　　　　　電話 03-3265-8341／FAX 03-3264-8709
　　　　　http://www.morikita.co.jp/
　　　　　日本書籍出版協会・自然科学書協会　会員
　　　　　JCOPY ＜(社)出版者著作権管理機構　委託出版物＞

落丁・乱丁本はお取替えいたします.

Printed in Japan／ISBN978-4-627-77611-1

MEMO

MEMO

MEMO

MEMO

MEMO